Questões de BIOÉTICA

Conheça nossos clubes

Conheça nosso site

@editoraquadrante
@editoraquadrante
@quadranteeditora
Quadrante

Capa
Gabriela Haeitmann

Dados Internacionais de Catalogação na Publicação (CIP)

Espinosa, Jaime
Questões de bioética / Jaime Espinosa – 6ª ed. – São Paulo: Quadrante Editora, 2023.

ISBN: 978-85-7465-555-0

1. Bioética 2. Dignidade humana 3. Valores (Ética) 4. Vida humana I. Título

CDD–179.7

Índices para catálogo sistemático:
1. Bioética : Vida humana : Dignidade : Filosofia moral 179.7

QUADRANTE EDITORA
Rua Bernardo da Veiga, 47 - Tel.: 3873-2270
CEP 01252-020 - São Paulo - SP
www.quadrante.com.br / atendimento@quadrante.com.br

JAIME ESPINOSA

Questões de BIOÉTICA

6ª edição

Sumário

Introdução

As raízes do mundo

Num artigo intitulado *As raízes do mundo,* de 1910, G.K. Chesterton contava a história de um rapazinho que morava numa grande casa com jardim. Tinha autorização para colher as flores, mas não para arrancar as plantas pela raiz. Uma delas, porém, um pequeno espinheiro insignificante com flores brancas em forma de estrela, atraía especialmente a sua curiosidade.

Os seus tutores, gente digna e formal, davam-lhe diversas razões pelas quais não devia arrancar essa flor, mas só conseguiam provocá-lo. Por fim, numa noite escura, com o coração batendo fortemente no peito, o menino esgueirou-se até o jardim. Repetia de si para si que «a verdade» exigia que arrancasse aquela planta, e que, afinal de contas, o assunto todo não tinha mais importância do que colher umas maçãs à beira do caminho. Pôs-se a puxá-la, mas ela se agarrava obstinadamente ao solo, como se tivesse grampos de ferro em vez de raízes. No terceiro puxão, o rapaz ouviu atrás de si um grande ruído, e ao voltar-se verificou que a cozinha e o telheiro tinham desabado. Fez ainda um derradeiro esforço, mas quando ouviu, ao longe, o estábulo ruir e os cavalos fugirem relinchando, correu de volta para a cama e enrolou-se nos cobertores.

No dia seguinte, depois de verificar que os desastres da noite tinham sido reais e não imaginários, obstinou-se em pensar que não tinham relação nenhuma com a planta ou os seus puxões. E, num dia em que o nevoeiro envolvia todas as coisas no seu manto, voltou a agarrar o pequeno espinheiro e a puxá-lo com todas as forças, até que lhe chegaram, afogados pela neblina, os gritos de pânico da população a anunciar que o castelo do rei caíra, as torres da costa tinham ruído e metade da cidade mergulhara no mar. Assustado, deixou em paz aquela planta por algum tempo, embora nunca chegasse a esquecê-la completamente.

Quando chegou à idade adulta e os desastres que causara já tinham sido consertados, passou a dizer abertamente: «É preciso resolver o mistério dessa erva irracional. Em nome da "verdade", devemos arrancá-la». Reuniu um grande bando de homens fortes, e todos puseram as mãos sobre a pequena planta, puxando-a sem cessar. A Muralha da China desabou ao longo de cem quilômetros, as Pirâmides desfizeram-se em pedras soltas, a Estátua da Liberdade caiu sobre dois terços da frota americana e afundou-os, a Torre Eiffel arrasou Paris na sua queda, o Japão submergiu no mar... Depois de vinte e quatro horas, aqueles homens fortes tinham arrasado metade do mundo civilizado, mas não tinham conseguido arrancar o pequeno espinheiro.

«Não desejo cansar o leitor relatando-lhe todos os detalhes dessa história realista» — diz Chesterton —, «como a ocasião em que usaram primeiro elefantes e depois locomotivas a vapor para arrancar a flor, e o único resultado foi que a planta resistiu bravamente, embora a lua começasse a apresentar rachaduras e até o sol tivesse passado a vacilar». Por fim, a humanidade revoltou-se e parou com essas tentativas.

Muito antes disso, porém, o rapaz tinha abandonado a tarefa, deixando-a para os outros, enquanto dizia aos seus tutores: «Vocês deram-me inúmeras respostas elaboradas e vãs sobre por que eu não devia arrancar esse espinheiro. Por que não me deram as duas únicas respostas verdadeiras: primeiro, que não sou capaz de fazê-lo; e, segundo, que eu destruiria tudo o mais se o tentasse?»[1].

Penso que essa parábola se vem revelando especialmente profética no campo das ciências biológicas e da medicina moderna. Cientistas do mundo inteiro vêm tentando arrancar as raízes da vida biológica para encontrar "a verdade" sobre a natureza humana, mas não conseguem fazê-lo pelos seus métodos, nem nunca o conseguirão; o que conseguem, em certa medida, é apenas «destruir tudo o mais». Não é que o progresso científico em si seja mau, pelo contrário; mas o grande erro que se comete tantas vezes é pensar que a verdade científica pode substituir a Ética, ou pelo menos tomar-lhe o primado. Porque é somente a Ética, e, mais ainda, a Ética revelada por Deus e proposta pela Igreja, que consegue compreender a verdade sobre «as raízes do mundo».

A bioética está na moda como nunca esteve, estimulada por reportagens mais ou menos sensacionalistas e uma infinidade de artigos e discussões. Na imprensa e até nas revistas científicas «sérias», multiplicam-se propostas extravagantes, como a de clonar seres humanos descerebrados, para servirem de «bancos de órgãos» para os seus «progenitores genéticos»[2]; a de clonar «filhos» para os casais portadores de doenças hereditárias a partir do cônjuge sem problemas[3]; a de fecundar óvulos de chimpanzé com espermatozoides humanos, para «produzir seres subumanos destinados a funções de trabalho repetitivo e penoso»[4], e tantas outras.

Algum leitor poderá sentir-se tentado a perguntar: «Perdão..., mas isso é ficção de horror, ou o quê?» Infelizmente, não é mais ficção; essas sugestões foram feitas a sério por conceituados membros do mundo científico, começam já a ser tecnicamente viáveis e chegaram a ser tentadas em alguns casos. Aliás, aplicam-se rotineiramente as duas práticas que abriram as portas a esse cortejo de horrores: a esterilização de deficientes hereditários e a fecundação *in vitro*.

Os exemplos desse tipo de abusos poderiam multiplicar-se. Vejamos apenas alguns bastante representativos, que valem por outros mil, aproveitando-os para esclarecer ao mesmo tempo alguns conceitos básicos.

Leis da natureza e lei natural

Uma notícia de jornal informa-nos que «o Brasil é o segundo país do mundo a desenvolver uma técnica de fertilização *in vitro* capaz de elevar a taxa de sucesso da faixa dos 30% para 52% [...]. "É uma tecnologia de ponta"», garante um dos ginecologistas responsáveis[5]. O que estas palavras alvissareiras nos escondem é o significado da expressão neutra «taxa de sucesso»: que antes tinham de morrer dois embriões para cada criança que nascia, e que agora «só» tem de morrer um. E mesmo isto ainda não nos dá a medida certa: na «taxa de sucesso» só se consideram os embriões implantados no útero, não os «descartados».

Um segundo caso. Certo artigo de fundo sobre a clonagem de seres humanos dizia: «Não há a menor dúvida de que a ideia de não interferir na "ordem natural das coisas", no caso da reprodução de animais e de seres humanos, é coisa do passado». É assustador que sejamos colocados com tanta desenvoltura no mesmo plano dos ratos de laboratório e das ovelhas. Por outro lado, é absolutamente certo que a ideia de não interferir na «ordem natural das coisas» é coisa do passado; passou a sê-lo talvez por volta de 300.000 a.C. ou mais, quando primeiro se procurou modificar com ervas aquilo que seria o curso natural de uma doença.

É possível que o nosso articulista se referisse à Lei Natural, que não se identifica com a ordem natural das coisas ou as «leis da natureza», as regularidades que observamos no Universo à nossa volta. Desde que Deus disse ao primeiro casal *dominai sobre a terra* (cf. Gn 1, 28), cabe ao homem a tarefa de compreender as leis da natureza e usá-las em seu benefício, e hoje damos a esse esforço humano o nome de «ciência e tecnologia». Já a Lei Natural corresponde ao conjunto de regras que o ser humano deve livremente observar se quiser atingir o seu fim, que é a felicidade ou, numa formulação mais moderna, a sua realização como ser humano. Essas regras decorrem da natureza humana, isto é, do modo como estamos feitos, tal como as recomendações para o bom uso de um eletrodoméstico ou de um carro correspondem à sua natureza — por exemplo, não ligar em 220V um barbeador projetado para 110, ou trocar o óleo do auto a cada 5.000 km, pois caso contrário o motor fundirá.

A Lei Natural foi codificada em diversas formulações, mais ou menos completas, por todas as culturas e civilizações, e de maneira especialmente completa e clara nos Dez Mandamentos. É universal e aplica-se a todos os homens de todos os tempos. Há, sem dúvida, gente que gostaria de aboli-la em parte ou no todo, tal como há crianças e loucos que gostariam de abolir a lei da gravidade. O problema é que essa Lei *não se deixa abolir* enquanto houver homens sobre a terra, uma vez que a trazem inscrita na sua própria natureza de homens. Considerá-la «coisa do passado» é um artifício retórico que não acrescenta nem resolve nada; é igualmente «coisa do presente» e «coisa do futuro». Tanto como a ação de pensar, atividade que os homens praticam desde que existem, e que não deixarão de praticar até o fim dos tempos.

A realidade de que há muita gente que não obedece à Lei Natural só vem a constituir uma prova de que somos livres. A necessidade de formular explicitamente essas regras surge apenas porque somos capazes de desobedecer a elas. Ninguém jamais se viu obrigado a formular regras para a digestão, porque realizamos os processos naturais correspondentes de maneira necessária, não livre.

A questão não é, pois, que podemos obedecer ou deixar de obedecer aos limites que a nossa natureza nos impõe, coisa que é evidente, mas que temos de pagar na nossa própria carne as transgressões da Lei Natural. Não se pode mentir, roubar, matar, desrespeitar os pais ou ignorar os direitos de Deus sem pagar, *por natureza,* o preço; em falta de paz, em dúvidas, em culpas, em dramas, em sofrimentos, em ansiedades e angústias, em depressões e neuroses. Já Platão dizia que o maior prejudicado pelo pecado, isto é, pela infração da Lei Natural, não é tanto a vítima como o pecador. Embora essa afirmação possa soar a exagero, é preciso reconhecer que tem boa parcela de verdade.

Voltemos, porém, ao artigo que comentávamos. O autor reconhece de bom grado que «a fertilização *in vitro* e a implantação de embriões, o uso de "mães de aluguel" etc., tornaram a ideia de "paternidade" pouco clara, criando problemas éticos talvez mais graves que os gerados pela "clonagem"»; e vai igualmente suscitando diversas outras questões éticas nascidas das novas tecnologias biológicas, sem no entanto sugerir qualquer solução.

E assim, não admira que, por fim, constate desanimado: «O que é um pouco frustrante nessas discussões é que a experiência deste século tem mostrado que os grandes conflitos éticos e morais acabam por ser resolvidos, na prática, por avanços tecnológicos e por procedimentos não éticos, que redundam em resultados nocivos, que são corrigidos a *posteriori*»[6]. Talvez pudéssemos acrescentar: «corrigidos... ou não». Afinal, que tecnologia é capaz de devolver a vida a um embrião que foi «descartado»?

Esse receio de tomar uma posição clara a respeito dos procedimentos «não éticos» certamente tem, no caso do nosso articulista, o seu componente de delicadeza e de respeito pela opinião alheia. O problema é que o temor dos compromissos vem caracterizando a atitude de muitos governos e comissões éticas, que evitam as condenações nítidas por medo de ofender alguns setores da «opinião pública», que poderiam tomá-las como uma ofensa à liberdade de opinião ou de pesquisa. Os governantes e «formadores de opinião» têm, pelo contrário, autêntica *obrigação moral* de *aderir à verdade com firmeza e sem ambiguidades*. Essa é uma responsabilidade, e uma responsabilidade pesada, que lhes incumbe em virtude do cargo e do trabalho que escolheram, porque literalmente *devem a verdade* aos que dependem deles para serem informados e orientados. Fugir dessa responsabilidade escondendo--se atrás da cortina de fumaça da indefinição é uma injustiça gritante.

A matéria não é simples, evidentemente, e exige muito estudo, paciência e serenidade para separar o joio do trigo. Mas é precisamente para isso que existem governantes, legisladores, juízes, médicos, já que não se pode exigir do cidadão comum que conheça todos os meandros e detalhes da questão.

Três modelos e uma só ingenuidade

A mentalidade que vem produzindo os abusos que vimos provém, na sua maior parte, de três «modelos éticos» principais. Para efeitos práticos, poderíamos dar-lhes os nomes de *liberal-radical, pragmatista* e *sociobiológico*. Examinemos brevemente cada um deles.

O modelo *liberal,* que remonta ao filósofo alemão Kant, centra toda a moral nos *direitos do indivíduo,* considerado como um absoluto, sem referência alguma aos outros e à sociedade. Ao mesmo tempo, exagera o valor da liberdade humana, sem enxergar que, numa criatura limitada, a liberdade sempre será parcial e relativa. A sua «ala radical» sustenta, por isso, que seria lícito tudo aquilo que fosse *livremente querido, livremente aceito e não lesasse os direitos alheios.*

Tomada em si mesma, ao menos tal como a defendem os radicais, essa «ética» não é mais do que a simples canonização do egoísmo, erigido por um passe de mágica em princípio ético universal. Ora, o egoísmo é condenado unanimemente pelos pensadores da moral, cristãos e pagãos, como «raiz de todos os pecados», porque é insaciável: quer pôr o Universo inteiro a rodar em torno de si. Calvin, o personagem de Bill Waterson, definia-o com toda a precisão. Queixa-se o menino ao seu tigre de pano Haroldo de que as pessoas são muito egoístas; e, quando o companheiro lhe pergunta o que é afinal o egoísmo, Calvin responde-lhe: «Egoísmo é não pensarem em mim»...

Com essa premissa, multiplicam-se os novos «direitos individuais», criados a partir do nada: o «direito ao próprio corpo», o «direito ao amor», o «direito reprodutivo», o «direito à felicidade» etc. No entanto, por não estarem apoiados em nenhuma realidade essencial da natureza humana, esses *novos direitos* acabam apenas levando a *novas arbitrariedades.*

Toda a ética liberal e individualista, em que o ser humano se encontra entronizado solitariamente no centro do sistema solar, leva a becos sem saída. Assim ocorreu, por exemplo, com o editorialista da revista *Nature* no número em que se publicou o artigo de Ian Wilmut e colaboradores relatando a primeira clonagem bem-sucedida de um mamífero, a simpática ovelha Dolly. Depois de relatar as diversas perspectivas que mencionávamos acima, e apontar muito corretamente que seriam afrontas intoleráveis à dignidade humana, chegava rapidamente ao impasse: «Mas, ao fim e ao cabo, qual seria o problema de clonar um ser humano quando a finalidade é boa em si mesma, é produzir uma nova vida dotada de mais dignidade?»[7]

A questão não tem resposta se, de acordo com o modelo liberal, considerarmos o «indivíduo dotado de dignidade» como a máxima instância da ética; se, porém, levarmos em conta o plano mais amplo — e o único verdadeiro — que vê o homem, cada homem e cada mulher, como uma criação divina especial, logo se compreende que qualquer tentativa de clonagem, por qualquer razão que seja, é uma tentativa desequilibrada de «brincar de Deus», de deslocar o Criador do centro da criação. Precisamos hoje de uma nova revolução copernicana, que recoloque esse «eu» inflacionado na sua verdadeira posição: em órbita do único fundamento e medida da dignidade humana, que é Deus.

A doutrina dos direitos da pessoa humana, que não é incorreta em si mesma, tem de ser bem alicerçada nos outros elementos constitutivos da Moral, para perfazer com eles um todo equilibrado e harmônico: num dos pratos da balança da Justiça, a liberdade; no outro, a responsabilidade; neste, o primado da pessoa, naquele a Lei Natural; neste, os direitos, naquele os deveres que o homem tem para com Deus e para com os outros; neste, o valor de cada indivíduo, naquele a solidariedade que deve unir todos os indivíduos entre si para formarem um só corpo social. Quando não se leva em conta esse conjunto, corre-se o risco de justificar qualquer meio para atingir um fim aparentemente benéfico.

O modelo *pragmatista,* por sua vez, baseia-se no princípio do «custo-benefício» e na ótica utilitarista, também bastante difundidos entre os nossos contemporâneos. Trata-se de uma faceta do materialismo, que nos considera a todos simples amontoados de proteínas reunidas ao acaso e destinadas a desagregar-se cedo ou tarde, e cifra o nosso valor pela nossa «utilidade» social. Não apresenta grande lastro teórico, antes resume-se à praxe que seguem mais ou menos cegamente aqueles que perderam de vista o fim transcendente do ser humano.

Não é difícil comprovar até que ponto também este «modelo» permeia toda a discussão atual dos temas bioéticos. Certa personalidade da área científica, por exemplo, num artigo a respeito da clonagem, fazia uma enumeração involuntária, mas perfeitamente sintomática pela ordem que atribuía aos fatores: «Essa novidade científica deve ser examinada segundo três perspectivas: a técnica propriamente dita, as suas implicações econômicas e os seus aspectos ético-legais»[8].

Se traduzíssemos essas palavras para uma linguagem mais popular, veríamos que são mais ou menos equivalentes a estas: a decisão de clonar um ser humano depende, em primeiro lugar, da pergunta: «Dá para fazer?» Em segundo, desta outra: «Quanto custa?»; e em terceiro lugar, somente em terceiro lugar, da dupla pergunta: «É bom fazê-lo? E, além disso, não será inconstitucional?»... Não seria um raciocínio incorreto se se tratasse de zootecnia; mas nada justifica fazê-lo quando está em jogo uma vida humana.

Em boa lógica, qualquer um de nós se perguntaria, diante da possibilidade técnica de realizar a clonagem de um ser humano, que aliás ainda não está indiscutivelmente estabelecida: «É correto fazê-lo, diante de Deus, dos outros e da minha consciência?», ou: «Seria claramente um *bem real,* diante de Deus, para o próprio clonado, para os "pais" e para o restante da sociedade?» A seguir, examinaríamos as possíveis consequências dessa tecnologia e desse caso concreto: a possibilidade de criar um precedente nocivo, ou de fornecer um conhecimento novo, potencialmente perigoso, a pessoas que podem fazer mau uso dele mais tarde e julgarem-se justificados. E somente depois, bem depois, haveríamos de perguntar-nos quanto custa. Essa é a ordem que usaríamos diante de qualquer outro problema no qual estivesse em jogo uma vida humana; por exemplo, se estivéssemos nós na iminência de submeter-nos a uma cirurgia de alto risco.

O psiquiatra Viktor Frankl, que dispunha de ampla experiência pessoal quanto aos efeitos do pragmatismo ético, por ter passado por Auschwitz e Dachau, avisa-nos claramente: «Se a vida humana não passa do insignificante produto da combinação acidental de umas moléculas de proteína, pouco importa que um psicopata cujo cérebro necessite de alguns reparos seja eliminado por "inútil", e que ao psicopata se acrescentem uns quantos "povos inferiores". Não foram apenas alguns ministérios de Berlim que inventaram as câmaras de gás de Maidanek, Auschwitz, Treblinka; elas foram sendo preparadas nos escritórios e nas salas de aula de cientistas e filósofos materialistas, entre os quais se contavam e contam alguns pensadores anglo--saxônicos laureados com o prêmio Nobel»[9].

O biólogo Jacques Testard, que introduziu a fecundação *in vitro* na França, conhece bem o ambiente dos laboratórios e gabinetes de trabalho das instituições públicas e privadas que lidam com genética. Diante das consequências do seu pioneirismo, porém, voltou atrás nas suas opiniões e vem publicando livro após livro para prevenir o público de que, com o desenvolvimento das novas técnicas e do incipiente «mercado genético», seria uma tolice pensar que «não há risco de recairmos no eugenismo enquanto estivermos num regime democrático [...], pois o eugenismo é uma teoria de melhoramento da espécie humana que não necessita absolutamente de um governo nazista»[10].

Por fim, o modelo *sociobiológico* ou *naturalístico*, a que o jornalista inglês Paul Johnson deu recentemente o nome de «fundamentalismo darvinista»[11], afirma que «tudo evolui» em função do bem da «espécie» e, na sua versão mais moderna, em função do «bem do gene». De maneira significativa, uma das obras de referência desta corrente intitula-se cinicamente *O gene egoísta*[12]. Em consequência, afirma esse modelo, a moral deve igualmente subordinar-se ao avanço inexorável do progresso biológico, social e científico.

Estamos diante de um novo disfarce do velho relativismo ético, que preconizava que os conceitos de bem e de mal, de lícito e ilícito, mudariam com os tempos e as culturas, ou... de acordo com as conveniências de quem está disposto a infringir as leis morais. Este foi sempre o argumento predileto de Calígula, Nero, Hitler, Stalin, Mao etc.: o «império das circunstâncias concretas, que "exigem" uma atitude "considerada criminosa pelo vulgo"».

Em janeiro de 1998, o dr. Richard Seed, de Chicago, anunciou que pretendia abrir uma rede de clínicas de clonagem e dispunha já de quatro casais dispostos a submeter-se a uma experiência-piloto. «O presidente não tem o poder de me deter», anunciava de modo grandiloquente. E justificava a sua decisão com o surrado argumento: «Não podemos deter a ciência»[13]. Comentava a este respeito o cronista Matthew Shirts: «Um argumento interessante, que lembra vagamente o positivismo do século 19 e traz em seu bojo princípios quase religiosos. Sim, é como se qualquer tentativa de impedir os avanços do conhecimento contrariasse um destino maior da humanidade, previamente traçado não se sabe bem por quem»[14].

Com efeito, por um desses paradoxos inerentes à natureza humana, o materialismo tende quase sempre a produzir falsas místicas exaltadas e irracionais. O «bem-estar da humanidade», a «reforma da sociedade» e o «progresso da ciência» têm servido há mais de duzentos anos para acobertar crimes e para inspirar alguns megalômanos, que se sentem no direito de «traçar os destinos da humanidade», como dizia o cronista.

Isto não chega a ser nenhuma grande novidade. A novidade esteve no coro de lamentos que se ergueu depois desse anúncio. «Não existiu no passado nenhum caso em que a ciência tenha recusado uma descoberta» — dizia um jornalista ao comentar a decisão do Parlamento Europeu de proibir a clonagem humana —, «mesmo sabendo que dela resultaria o homicídio, a destruição. [...] Se considerarmos a genética, a sexualidade, os avanços realizados há cinquenta anos conheceram todos o mesmo percurso: inicialmente, quando se pressente que a ciência pode abrir uma porta proibida desde o começo das coisas, ergue-se um coro de gritos, um clamor uníssono; dez anos depois, a manipulação torna-se banal».

«Bastaria citar três casos para nos convencermos de que o homem é incapaz de resistir às tentações quando se trata de fazer avançar as fronteiras do seu poder: a inseminação artificial e os bancos de esperma, a fecundação *in vitro* e os bebês de proveta e, enfim, o congelamento de embriões. Todas as vezes a comunidade científica e moral jurou que não convinha abrir os ferrolhos de tais portas, mas todas as vezes a nova técnica se impôs»[15].

E o editorial sobre o mesmo assunto publicado em um conhecido jornal diário concluía com estas palavras: «A quase todos os progressos que podiam ser condenáveis, a humanidade se adaptou. [...] A probabilidade de realizar-se a clonagem de seres humanos existe e por isso mesmo abre uma nova Idade; se ela será a do Bem ou do Mal, só o futuro dirá»[16].

O que demonstra os estragos causados pela mentalidade «evolutiva» não é que haja personalidades transtornadas pelo orgulho e dispostas a todos os crimes concretos em nome de umas abstrações, como «a raça» ou «a humanidade» ou o «avanço irreversível» da modernidade, da técnica etc. Sempre houve maníacos e criminosos, e por isso mesmo todas as sociedades tiveram de ter códigos penais. O que assusta realmente é ver tantos sisudos profissionais científicos, jornalísticos, jurídicos e médicos estarrecidos e impotentes diante dessas fantasias, como o proverbial passarinho diante da serpente. Não será que chegou a hora de se *aplicarem* decentemente umas leis penais justas?

Que há de comum por trás dessas três mentalidades distorcidas? Diversas causas, das quais já chegamos a apontar algumas: o medo das decisões e sanções claras, a defesa mascarada de interesses egoístas, a soberba intelectual de quem pretende entronizar-se no lugar de Deus. Mas há um outro elemento comum a todas elas, e é uma espécie de *falsa ingenuidade*. Todos esses modelos recusam-se a enxergar uma das verdades mais elementares sobre o ser humano: a de que a humanidade como um todo, e cada ser humano em particular, apresenta esse «defeito de fabricação» que se chama *pecado original*. Na realidade, não é um defeito de fabricação, mas o resultado de uma escolha livre dos nossos primeiros pais, que resolveram desvincular-se de Deus já na origem de toda a humanidade, como nos conta o livro do Gênesis (cf. Gn 3, 1-24).

O mito da inata bondade humana, bem como os que dele derivaram — o de que basta desfazermo-nos das estruturas sociais injustas para que o Paraíso se instale sobre a terra, o de que todo o progresso sempre é para bem, o de que da defesa dos interesses pessoais resultará o bem coletivo —, felizmente está-se esgotando. Esses otimismos de pantomima não resistem à leitura diária dos jornais. Há, porém, o risco de que se transformem em puro e simples cinismo e desespero.

Por isso, é essencial recordar uma verdade consoladora e libertadora: *somos pecadores*, estamos sujeitos ao pecado original, e ainda lhe acrescentamos as nossas culpas pessoais. Erramos por ignorância e por fraqueza, mas também, tantas vezes, de maneira voluntária, racionalmente inexplicável. É por isso que temos necessidade de leis claras e sinalizações seguras, que delimitem e encaminhem para o bem definitivo do homem os esforços por melhorar a sua condição.

Há duas maneiras de aprender a Lei Natural: a branda e a dolorosa. A recusa em aceitar a realidade da maldade humana tem-nos levado, sobretudo nestes últimos séculos, a empenhar-nos obstinadamente na via dolorosa. Não queremos olhar o mal nos olhos, e por isso experimentamos na nossa própria carne — e, infelizmente, sobretudo na carne de umas vítimas inocentes e silenciosas, que são os grandes prejudicados dessa questão — as suas consequências. Não será que chegou a hora de experimentar a «via branda», que consiste em dar ouvidos *previamente,* não apenas à simples razão humana, mas à razão iluminada pela fé?

A luz e as trevas

Na atmosfera nevoenta da experimentação sem barreiras, a Moral católica, e especialmente o Magistério dos Pontífices mais recentes sobre a moral sexual e a bioética, brilha como *uma luz que resplandece num lugar tenebroso* (2 Pe 1, 19). Como era de esperar, essa luz ofusca alguns, que respondem com irritação, e não é compreendida por outros, mergulhados na sua cegueira. Mas não cessa de iluminar todo homem de boa vontade e, para os que se extraviaram por algum tempo, representa o farol que indica sempre onde se encontra a terra firme.

A primeira característica da bioética católica é que representa esse sistema completo e equilibrado a que nos referimos acima. Longe de rejeitar em bloco todos os avanços médicos, a Igreja vem distinguindo cuidadosamente entre os bons, os maus e os indiferentes. Tem a preocupação de que não se perca absolutamente nada do que há de bom nas conquistas terapêuticas, pois conhece o valor da saúde e da vida e a crueza da dor e da morte; mas também não se esquiva à dura obrigação de condenar abusos e males, por mais que saiba quantas incompreensões e injustiças isso lhe custará. Não esquece que alguns dos seus filhos têm de atravessar situações duríssimas, e oferece-lhes, em contrapartida, todos os seus tesouros de doutrina firme e esperança segura na pessoa de um Deus feito homem, que conhece por experiência todos os males da humanidade e é capaz de compreendê-los com uma profundidade que nenhum médico e nenhuma autoridade humana chegarão jamais a alcançar.

Será possível resumir de maneira simples os princípios em que se apoia a bioética cristã? Penso que sim, e é o que tentaremos esboçar rapidamente.

1. Em primeiro lugar, tal como vem sendo formulada nos documentos do Magistério, a bioética católica é *personalista*, isto é, olha para o homem como *pessoa*, dotada de uma alma espiritual que informa

e dá vida à sua realidade corpórea. «Dotada de uma alma espiritual e imortal, a pessoa humana é a única criatura sobre a terra querida por Deus por si mesma», diz-nos o novo *Catecismo da Igreja Católica*[17]. Esta definição mostra-se riquíssima em consequências.

2. *A pessoa humana* — aquilo que designamos ao dizer «eu» — *é uma unidade*, um todo, e não simples parte de um todo. Não *tem* um corpo, *é* um corpo organizado — «informado», diz-se na linguagem clássica — pela alma espiritual. Por causa da alma, o «eu» transcende o corpo, é mais do que simples corpo animal, mas nem por isso deixa de ser corpo. O corpo é parte coessencial da pessoa humana, e não uma mera «embalagem proteica descartável» destinada a transformar-se cedo ou tarde em «carvãozinho». Daí deriva o valor que a Ética atribui à *corporeidade*.

É no corpo e através do corpo que a pessoa recebe em boa parte a sua individualidade e diferenciação (é *este* homem ou *aquela* mulher); é no corpo e com o corpo que a pessoa se manifesta e se comunica com os seus semelhantes; é no corpo que a pessoa age como que através de um instrumento necessário e essencial. Não se pode intervir nela como se intervém num computador, substituindo umas peças aqui e outras acolá, montando-a e desmontando-a à vontade. Não existe uma «esfera meramente corporal» que não tenha nenhum vínculo com a «esfera psíquica» ou a «esfera espiritual»; tudo o que se faz na esfera física repercute no psiquismo e na alma espiritual, e vice-versa.

Convirá lembrar também, embora correndo o risco de repisar o óbvio, que pouco importa se o corpo tem o aspecto de um homem ou mulher adultos ou o de uma simples célula; o feto não se torna humano no momento em que apresenta mãos, pés, cabeça ou coração. Desde a concepção, desde o momento em que tem um corpo e um genótipo individualizados, já é uma pessoa, um «eu». E a unidade pessoal não abrange apenas as dimensões alma-corpo, mas também todo o tempo de vida de uma pessoa, incluída a vida intrauterina.

3. Daí decorre também *o valor fundamental da vida física*. A vida física, embora não esgote a pessoa, é um bem fundamental que todos os outros bens e valores pressupõem. Tirar a vida física é privar a pessoa do bem sem o qual ela não poderá usufruir nenhum outro bem neste mundo. Por isso, também o sofrimento — a privação temporária de algum bem, como a saúde, a alegria, a realização profissional, a utilidade para os outros — não é nunca motivo suficiente quer para tirar a própria vida, quer a de qualquer outra pessoa.

4. Da unidade de corpo e alma decorre também o que se chama o *princípio da totalidade*. Toda e qualquer intervenção numa parte do corpo tem de redundar, para ser lícita, no bem total da pessoa.

Não se pode desnaturar a função de uma parte — por exemplo dos órgãos reprodutores, como ocorre na laqueadura e na vasectomia — se não for para salvar um valor maior do todo, como a vida. Por isso também se devem preferir, sempre que possível, os métodos menos traumáticos para a pessoa aos mais invasivos e irreversíveis, como o parto normal à cesariana, a fisioterapia à cirurgia, a abstinência sexual periódica à esterilização.

5. *A pessoa humana concreta tem sempre o primado da dignidade.* André, filho de Silmara e Edevaldo, por mais que tenha acabado de ser concebido e ainda não tenha sequer quinze células, tem uma alma espiritual e imortal, isto é, foi criado *à imagem e semelhança de Deus* e está destinado a viver eternamente. Por isso, é mais importante que todas as grandes abstrações lógicas em que possamos encaixá-lo: a «sociedade», a «humanidade», os «pacientes». Nunca se justifica infligir-lhe diretamente um mal real injusto em nome do bem de uma dessas abstrações.

Uma pessoa concreta é sempre *fim*, nunca pode ser *um meio para alcançar outros fins*. Uma criança que fosse concebida para servir de cobaia ou banco de órgãos, ou para satisfazer os anseios egoístas da sua progenitora, estaria sendo profundamente rebaixada na sua dignidade.

6. *Por ter uma alma espiritual, a pessoa humana está dotada de inteligência e de vontade livre.* É, por isso,

livre e responsável e titular de direitos e deveres com relação a si mesma e aos outros. Dentro dos amplos limites que lhe são impostos pela Lei Natural, essa sua liberdade tem de ser respeitada. Chama-se a isto *princípio da liberdade-responsabilidade.*

Em decorrência — dentro dos limites impostos pela Lei Natural, com perdão da repetição —, deve-se respeitar a vontade do paciente. O médico deve contar sempre com o seu consentimento livre, esclarecido e consciente para poder intervir no seu corpo ou psiquismo (pela hipnose, por exemplo).

Em contrapartida, a liberdade não é absoluta: a pessoa é também *responsável diante de Deus pelo seu corpo.* Tem, pois, obrigação de cuidar da saúde, não lhe sendo lícito fazer coisas que a ponham em risco. É *administradora do seu corpo,* não «proprietária com direito de uso e abuso»: não pode dispor dele como bem entender, mas como Deus entende. Por isso, não são lícitas as intervenções que tenham por fim provocar o suicídio, a mudança de sexo, a esterilidade etc., por mais que seja o próprio paciente quem as solicite.

7. Para que seja lícito intervir no corpo de uma pessoa é necessário que, além do seu consentimento, exista uma *indicação terapêutica precisa,* ou seja, que se busque atingir a cura ou ao menos o alívio de algum mal através de um meio que, reconhecidamente, conduza a esses efeitos. Este é o chamado *princípio terapêutico.* A experimentação de um medicamento

de efeitos pouco conhecidos não poderia fazer-se se visasse apenas o progresso da ciência médica, por exemplo, e não um benefício para o indivíduo em que se realiza a experiência.

8. Por fim, embora não se esqueça do primado da pessoa, a bioética católica recorda-nos que todos estamos ligados uns aos outros *por natureza*, e não por um simples «contrato social» livremente estabelecido entre as partes. É o *princípio da sociabilidade-subsidiariedade*. Dependemos dos outros para sobreviver e crescer, e devemos a eles uma parcela proporcionada de serviço, de acordo com as nossas circunstâncias pessoais.

A sociabilidade significa antes de mais que todos dependemos de todos. Não se excluem aí os doentes, os inválidos, os deficientes, os velhos, os não nascidos e os moribundos, uma vez que todos somos candidatos a qualquer dessas categorias, se é que já não pertencemos a alguma delas. É a *igualdade* de fundo, se não de fato, que deve reger as relações entre os homens; e é também a *fraternidade* que deve reinar entre todos os filhos de um mesmo Pai. Convém muito recordá-lo, sobretudo agora que a liberdade e a igualdade, tomadas cada uma isoladamente, vêm revelando a sua completa falência como regra da vida social.

Mas a liberdade, a igualdade e a fraternidade não são suficientes nem mesmo tomadas em conjunto. E necessário um «algo mais» para que realmente se possa atingir uma sociedade justa, e esse algo mais reside precisamente na compaixão, no amor misericordioso pelo mais fraco. A sociedade deve ajudar de preferência aquele que dispõe de menos recursos, tanto econômicos como de saúde. É nessa *subsidiariedade* que encontra a sua plena aplicação aquele velho e são princípio que foi tão desvirtuado na boca dos ideólogos: «De cada um, segundo as suas capacidades, para cada um, segundo as suas necessidades».

* * *

Simples e ao mesmo tempo compreensiva e exigente, serena e equilibrada nos seus princípios: essa é a bioética cujas bases acabamos de esboçar. Transparece nela uma sabedoria humana não tingida por interesses egoístas, porque tem o seu ponto de apoio na Verdade revelada.

Em nenhum tema transparece tão claramente como neste a necessidade que a inteligência humana tem de encontrar um apoio na Verdade divina. E, mais ainda, de dispor de uma Autoridade que, em nome de Deus, a proclame insistentemente a gregos e troianos e no-la recorde sem cansar. Quando estão em jogo as paixões humanas, não bastam as abstratas explicações de um livro-texto, por mais precisas e corretas que sejam; é necessário um Guia ou Mestre que contrabalance, com a sua presença, o seu olhar e o tom da sua voz as cumplicidades mais ou menos secretas que se infiltram nos raciocínios humanos. Esse Guia e Mestre é o próprio Deus humanado, através da Igreja que prolonga no tempo e no espaço a sua presença entre os homens. E quem poderia ser melhor conhecedor da natureza humana do que Aquele que a fez?

Dirão alguns que o Magistério da Igreja é hoje uma voz solitária a *clamar no deserto* (cf. Mt 3, 3), e aqueles que pautam toda a verdade pelas pesquisas de opinião sentir-se-ão tentados a desconsiderá-lo por causa disso. Mas a realidade é que, por mais esbatida que possa parecer em certos momentos, a sua voz encontra eco nos nossos corações. Podem alguns ter a inteligência obscurecida pela moda intelectual reinante, mas o coração não se deixa enganar tão facilmente. Porque as autênticas realidades humanas, a morte, a dor, a sede de verdade, a solidariedade e a liberdade acompanham cada um de nós do berço ao túmulo. Inscrita no mais íntimo do nosso ser, a verdade acaba sempre por se impor.

Examinaremos a seguir, à luz dos princípios que acabamos de esboçar, algumas das questões mais recentes da bioética, centradas por razões de unidade em torno da fecundação *in vitro*, da ciência genética e dos transplantes, uma vez que esses temas estão intimamente relacionados entre si. Os outros temas que se costumam abordar nos tratados de bioética — concretamente o aborto e a eutanásia —, são tão amplos que exigiriam um tratamento à parte, e por isso recomendo a leitura de obras especializadas*.

(*) Sobre o tema do aborto, a exposição mais abrangente que conheço é a de Pedro-Juan Viladrich, *Aborto e sociedade permissiva*, 2ª ed., Quadrante, São Paulo, 1995; e sobre a eutanásia, posso recomendar Miguel Ángel Monge, *Ética, salud, enfermedad*, Palabra, Madri, 1992.

Fecundação *in vitro* com transferência de embriões

A fecundação *in vitro* com transferência de embriões, conhecida abreviadamente pela sigla FIVET, vem sendo aplicada de maneira regular para resolver certos casos de esterilidade em casais que não podem ter filhos de forma natural, especialmente em consequência de uma obstrução definitiva da trompa de Falópio na mulher, que impede o encontro do óvulo com o espermatozoide, ou de esterilidade masculina por produção de espermatozoides malformados, incapazes de fecundarem o óvulo por si mesmos.

Não se conhece o nome das primeiras pessoas que nasceram por este método. No dia 26.07.78, porém, a imprensa tornou público o nascimento da menina Louise Brown, considerada oficialmente o primeiro «bebê de proveta» do mundo, no Royal Oldham Hospital de Manchester. No Brasil, a primeira criança gerada por esse processo foi a menina Anna Paula Caldera, a 07.10.84. De lá para cá, a técnica tornou-se rotineira em certas clínicas; em julho de 1998, anunciava-se que eram já 5 mil os «bebês de proveta» no Brasil[18].

Metodologia e problemas clínicos

Antes de mais nada, é preciso distinguir a fecundação artificial *in vitro* da inseminação artificial, que é também prática rotineira nos dias que correm. Na inseminação artificial, o sêmen é introduzido no fundo da vagina ou no corpo do útero, se o colo do útero não permitir a migração dos espermatozoides, a fim de que os gametas masculinos consigam ascender até a trompa de Falópio e fertilizar o óvulo que por lá vier transitando, procedente do ovário.

Se o doador do esperma for o marido, dá-se-lhe o nome de inseminação *homóloga;* se for um terceiro, chama-se *heteróloga.* Tanto no caso da inseminação artificial como no da fecundação *in vitro,* os espermatozoides ou gametas masculinos costumam ser obtidos por masturbação ou, mais raramente, por eletroejaculação (estimulação elétrica da vesícula seminal, onde fica armazenado o sêmen).

Na fecundação artificial *in vitro* com transferência de embriões, que também pode ser homóloga ou heteróloga, o procedimento é realizado assim: a mulher é submetida a um tratamento que faz amadurecerem ao mesmo tempo vários óvulos, cerca de meia dúzia ou mais, que são recolhidos diretamente do ovário por aspiração. Os óvulos e os espermatozoides são postos em contato num meio de cultura adequado, dentro de um tubo de ensaio ou outro recipiente esterilizado (é por isso que se diz *in vitro,* «dentro de um vidro», ao invés de *in vivo,* «no ser vivo»), onde ocorrem a fecundação (a penetração do espermatozoide no óvulo) e as primeiras divisões da célula-ovo ou zigoto.

Depois de até cinco dias, quando os zigotos já estão constituídos por várias células, escolhem-se ao microscópio entre dois e sete, os mais perfeitos, que são implantados no útero da mulher, já convenientemente preparado para acolhê-los. Assim se pretende obter maior segurança de que ao menos um desses embriões consiga fixar-se na parede do útero e desenvolver-se. Dos embriões restantes, que não foram transferidos para o útero, aqueles que apresentam anomalias são eliminados sumariamente; e os outros podem ser congelados para fins de pesquisa ou de um implante posterior, ou também destruídos*.

Dos inconvenientes médicos apresentados por esse método, tem-se apontado com frequência o seu alto custo (em torno de US$ 10 mil por «ciclo» de tratamento), extremamente elevado em comparação com a baixa «taxa de sucesso» (número de nascimentos *versus* número de ciclos de tratamento aplicados). Esse custo, aliado ao desespero de muitos casais que já tentaram anteriormente diversos outros tratamentos, tem levado muitos médicos a procurar aumentar a taxa de êxito de qualquer maneira, por exemplo usando estimuladores ováricos mais potentes, que produzem até 15 ou 20 óvulos por vez, e implantando um número maior de embriões no útero.

---

* Tem havido sucessivos aperfeiçoamentos desse método, como a técnica ICSI (*IntraCytoplasmic Spermatic Injection*) ou a de «maturação de espermatogônias» (cf. *O Estado de São Paulo*, 12.08.98). Como não modificam substancialmente nem os procedimentos básicos da fecundação *in vitro* nem a sua qualificação moral, não nos deteremos a estudá-los aqui.

A mulher que se submete a esse tratamento normalmente tem de ser anestesiada diversas vezes durante o processo, procedimento que sempre traz consigo um certo risco para a sua saúde. Por outro lado, também é frequente que os embriões obtidos por fecundação *in vitro* apresentem anomalias, pois os hormônios que provocam a superovulação — amadurecimento de vários óvulos ao mesmo tempo — favorecem ao mesmo tempo a ocorrência de alterações cromossômicas nos óvulos, que se traduzem em embriões malformados. O método favorece, além disso, a fertilização de um óvulo por mais de um espermatozoide, o que também pode ser causa de problemas congênitos.

O *New England Journal of Medicine* relatou, em janeiro de 1998, o caso de uma criança escocesa, gerada para um casal estéril por fecundação *in vitro* heteróloga com sêmen proveniente de um doador anônimo. Ao nascer, apresentava malformações genitais que foram corrigidas cirurgicamente; mais tarde, constatou-se que era hermafrodita — apresentava tanto os órgãos masculinos como os femininos —, e que possivelmente se tratava de uma *quimera*, isto é, de um ser vivo com células provenientes de dois indivíduos diferentes, um masculino e outro feminino. Especula-se que se tenha originado pela fusão de dois dos três embriões implantados no útero pela equipe médica. Até o presente — a criança estava em idade escolar na data —, não se tem ideia se será fértil nem que outros desdobramentos poderá ter essa anomalia[19].

Outra consequência importante da fecundação *in vitro* é a frequência crescente de gestações múltiplas. Nos EUA, os nascimentos de gêmeos duplicaram entre 1980 e 1995, e os de três ou mais passaram de 1337 a 4973, isto é, quase quadruplicaram. Nesses casos de gravidez múltipla com quatro ou mais embriões, é habitual as crianças nascerem prematuramente; além disso, correm maiores riscos de vir a sofrer de cegueira, debilidade mental por oxigenação insuficiente do cérebro, problemas respiratórios etc.

É frequente o casal assustar-se com a ideia de ter tri ou quadrigêmeos por razões econômicas ou pelo seu «estilo de vida», e pedir ao médico que só deixe com vida um ou no máximo dois. E o mesmo vem acontecendo até no caso de gêmeos[20]. Isso tem dado origem à prática chamada «redução de embriões», isto é, o aborto provocado de alguns embriões para dar espaço aos outros, praxe que os médicos que fazem a fecundação *in vitro* muitas vezes já consideram como parte «normal» do processo.

Mesmo que não haja necessidade de recorrer à «redução», é normal que alguns dos embriões implantados não consigam fixar-se na parede uterina e sejam expelidos, ocorrendo assim microabortos espontâneos; e, entre aqueles que se fixam, alguns podem não vingar e vir a morrer ou a desprender-se da parede uterina, ocorrendo ainda outra ou outras mortes.

Desse método derivaram ainda os embaraçosos «estoques» de embriões congelados. Ainda não se conhecem bem os efeitos que o congelamento pode ter sobre o seu desenvolvimento posterior; o prof. Pierre Robertoux, do Centro Nacional de Pesquisa Científica da França, alertava em outubro de 1997 que são frequentes (de 30% a 80%, dependendo da linhagem) as alterações sensoriais e motoras em ratos que passaram algum tempo congelados em estado embrionário, e que conviria «vigiar estreitamente o desenvolvimento de crianças concebidas dessa forma»[21]. Por outro lado, os laboratórios estatais ou particulares em que se reservam os embriões são, evidentemente, de manutenção muito dispendiosa; além disso, teme-se que haja um risco crescente de aparecimento de anomalias genéticas durante o congelamento. Por isso, em alguns países criaram-se leis que determinam a destruição desses embriões depois de alguns anos.

De tudo isto, é fácil deduzir que a quantidade de embriões eliminados ou mortos por abortos espontâneos ou provocados é muito grande. De fato, a percentagem dos embriões gerados que chegam a nascer é muito pequena, oscilando entre 6% e 15%. Com o progresso tecnológico, os resultados tendem a ser melhores, embora continuem sempre precários, pois para nascerem 15 ou 20 crianças, 80 ou 85 embriões deverão morrer[22].

Em alguns casos, a mulher que deseja ter um filho não tem útero ou este órgão é incapaz de levar a termo uma gravidez. Inventou-se por isso o recurso chamado «útero de aluguel», em que o embrião ou os embriões obtidos pela fecundação *in vitro* não são implantados no útero da mulher que se submete ao tratamento, mas no de uma terceira pessoa, convenientemente preparada para propiciar a «nidação» ou fixação do embrião alheio, bem como o seu desenvolvimento ulterior até o nascimento. Noutros casos, a questão é ainda mais complicada, pois a mulher não só carece de útero como também de ovários. O sêmen do marido é usado então para fecundar uma terceira pessoa, que cede a criança depois de nascer, embora seja a verdadeira mãe biológica (genética) da criança.

Valoração ética

O Magistério dos Papas tem sido sempre unânime em defender a necessidade de que o ser humano seja tratado como humano, e afirma que tem o *direito de ser concebido num ato gerador que seja resultado do amor entre marido e mulher.* Neste caso, sim, pode-se falar de um direito autêntico, evidente sobretudo depois que se publicaram tantos estudos sobre a formação do psiquismo durante o período intrauterino ou a influência do carinho materno para o bom desenvolvimento do embrião. O amor, que nem de longe se reduz a um processo biológico, é o único «clima» necessário e indispensável para que uma pessoa possa vir ao mundo nas condições ideais para vir a desenvolver uma personalidade normal.

Já em 1949, Pio XII (1939-1958) havia condenado a fecundação fora do matrimônio de uma mulher solteira — isso que tem em certos meios o glamouroso nome de «produção independente» —, bem como a fecundação heteróloga (em que um dos gametas não é do cônjuge) dentro do matrimônio[23], e em 1956 a fecundação *in vitro*[24]; no final do seu pontificado, condenou toda a espécie de fecundação artificial, como contrária à Lei Natural e à Moral católica[25].

João XXIII (1958-1963), por sua vez, lembrou na Encíclica *Mater et Magistra* que a transmissão da vida humana foi confiada pela natureza a um ato *pessoal e consciente*, regulado por leis divinas invioláveis e imutáveis, e que nessa tarefa não podem ser adotados procedimentos que somente são lícitos na reprodução vegetal e animal irracional[26].

Enquanto foi Papa, João Paulo II não se cansava de lembrar constantemente, como fez sobretudo na Exortação *Familiaris consortio*, que não se pode separar os dois aspectos da sexualidade, o da união entre os cônjuges e o da procriação dos filhos[27]. Sob o seu impulso, a Sagrada Congregação para a Doutrina da Fé lançou em 1987 a *Instrução sobre o respeito à vida humana nascente e a dignidade da procriação*, conhecida principalmente pelo título abreviado de *Donum vitae* («O dom da vida»), que explica detalhada e claramente todos os aspectos envolvidos neste tema. Vale a pena resumir aqui os principais critérios morais que enumera:

1. *«O ser humano deve ser respeitado como pessoa desde o primeiro instante da sua existência»*[28]. Os embriões humanos produzidos *in vitro* são seres humanos e, consequentemente, são sujeitos de direitos: a sua dignidade e o seu direito à vida devem ser respeitados desde o momento da fecundação. Destruir um embrião humano é matar um ser humano[29].

2. *Toda a experimentação não diretamente terapêutica com embriões é ilícita*[30].

3. *«É imoral produzir embriões humanos destinados a serem usados como material genético disponível»*[31].

4. *«O próprio congelamento dos embriões* [...] *constitui uma ofensa ao respeito devido a todo o ser humano*, uma vez que os expõe a graves riscos de morte ou de dano à sua integridade física, bem como os priva, ao menos temporariamente, do acolhimento e da gestação maternas, e os expõe a uma situação suscetível de ulteriores ofensas e manipulações»[32].

5. *«A fecundação artificial heteróloga* [por um doador, anônimo ou não] *é contrária à unidade do matrimônio, à dignidade dos esposos, à vocação própria dos pais e ao direito do filho* a ser concebido e posto no mundo no matrimônio e pelo matrimônio»[33].

6. *A maternidade «substitutiva»* [útero de aluguel] *é moralmente ilícita, por ser contrária à unidade*

do matrimônio e à dignidade da procriação da pessoa humana[34].

7. *A separação dos aspectos unitivo e procriativo da sexualidade humana ocorre também na fecundação artificial homóloga.* Por isso, mesmo que se evitasse a destruição de embriões e a masturbação, seria ainda uma técnica moralmente condenável[35].

Quantas condenações!, poderia alguém sentir-se tentado a pensar. Por que tanta «agressividade» contra uns pobres pais que só querem realizar o seu sonho de ter um filho, de dar a outros a possibilidade de existirem? Se hoje se conta com os meios técnicos para ajudar essas pessoas a superarem uma limitação que a natureza lhes impôs, por que não aplicá-los? Por que amarrar assim as mãos da medicina?

A quem fizesse estas perguntas, seria preciso responder-lhe antes de mais nada que o problema não é atrasar a medicina nem deixar de ter compaixão desses casais que não podem ter filhos pelos meios moralmente lícitos. São situações dolorosas, que a Igreja compreende muito bem. Mas a compreensão e o afeto por quem atravessa situações duras não pode levá-la a fechar os olhos diante de males ainda mais terríveis. Não se corrige um mal com outro mal, mas apenas com um bem; um erro não é corrigido por outro erro, mas apenas pela verdade.

Antes de mais, com essas proibições, quer-se salvaguardar o «terceiro esquecido» em que ninguém pensa, a *vítima silenciosa* desses procedimentos: a criança-embrião que é simplesmente descartada por parecer «menos viável», aquela que é esquecida no congelador e corre o risco de tornar-se simples material biológico disponível para experimentações, e aquela que morre por «limitações da técnica» ditas inevitáveis. Recordemos que, para cada criança viva, deverão morrer, no mínimo, entre três e quatro.

Em segundo lugar, pouco a pouco — à medida que os «bebês de proveta» vão chegando à idade em que têm condições de tomar consciência do modo como se originaram —, aparecem também terríveis frustrações e danos psicológicos talvez irreversíveis. Vejamos o depoimento de Margareth Brown, nascida de uma fecundação artificial heteróloga e filha de um doador anônimo: «Este é o meu pesadelo. Sou uma pessoa gerada por inseminação artificial, alguém que nunca conhecerá a metade da sua identidade. De quem são os olhos que tenho? [...] Quem meteu na cabeça da minha família a ideia de que as raízes biológicas não tinham importância? Negar a alguém o conhecimento das suas origens biológicas é um erro terrível»[36].

Em terceiro lugar, é claríssimo que, com o que se deu em chamar «tecnologia reprodutiva», o ser humano é rebaixado de maneira crescente à condição de mero «produto de mercado» descartável a gosto do freguês. «A tecnologia reprodutiva» — escreve a jornalista americana Ellen Goodman — «vem sendo tratada como se fosse mais um entre os bastiões da livre empresa, um negócio nascido como resposta à esterilidade. Neste mundo, o cliente sempre tem razão. A oferta deve satisfazer a procura. [...] Os tratamentos de fertilidade praticam-se de maneira anárquica, e isso se deve em parte às discussões sobre liberdade reprodutiva que se seguiram à polêmica em torno do aborto. Por outro lado, as novas tecnologias estão protegidas pela rubrica da liberdade de investigação. Na prática, porém, o código de conduta das clínicas de fecundação artificial é — em palavras de Lori Andrews, professora de Ética na Faculdade de Direito de Chicago-Kent —: "Mostre-me o seu dinheiro"»[37].

A tendência à mercantilização já é patente e crescente no caso dos gametas. Os países anglo-saxônicos e a Itália permitem que se pague às doadoras de ovócitos. Começam a proliferar, ao mesmo tempo, os bancos de esperma, como relata o cronista Matthew Shirts: «Alguns anos atrás, tive a oportunidade de visitar um banco de esperma californiano dedicado à produção de gênios. Originalmente, só vendia esperma de ganhadores do prêmio Nobel. Com o tempo, isso se foi mostrando inviável e hoje aceita "contribuições" de quem tiver um QI acima de 130, um PhD de Harvard ou coisa do gênero. A mulher desejosa de engravidar escolhe o "pai" do seu futuro filho por meio de um catálogo que não traz nome nem fotos, mas descrições dos talentos, característi-cas físicas e dotes mentais dos doadores. Tal prática me pareceu mais ou menos aceita pela sociedade americana e contava com o apoio de uma parte das comunidades científica e médica dos EUA»[38].

Essa mentalidade do descartável avilta de maneira evidente todas as relações de paternidade e maternidade. Bill Waterson mostra-o com toda a clareza. Numa das tiras, Calvin pergunta ao pai: «Como as pessoas fazem os bebês?», e este responde: «Bem, a maioria vai ao supermercado, compra o *kit* e segue as instruções de montagem». Calvin, desconcertado, volta a perguntar: «Então, quer dizer que eu vim de um supermercado?» Ao que o pai responde: «Não, *você* estava em oferta especial num camelô. Quase tão bom e muito mais barato»...

Por sua vez, semelhante atitude produz uma total indiferença perante a vida alheia, tentação a que os médicos também estão sujeitos. A canadense Barbara Cartoon relata, numa reportagem do *The Montreal Gazette,* a frieza impressionante com que se manifestou um dos entrevistados, Mark Evans, pioneiro da «redução embrionária»: «Se reduzir [os bebês] de um para zero [por aborto provocado] é considerado aceitável por esta sociedade, por que não de dois para um?»

«Evans realizou umas setecentas reduções embrionárias desde que começou, há doze anos — continua a reportagem. — No começo, fazia cinco por ano; neste ano, pensa que chegará a uma centena. [...] Uma das suas pacientes mais recentes é uma mulher de 31 anos, grávida de trigêmeos. O seu marido e ela gastaram 10 mil dólares em tratamentos de fertilidade até por fim obterem êxito, mas agora vão eliminar um desses bebês tão esperados para que os outros dois tenham mais espaço no útero e, portanto, mais possibilidades de nascer bem. Evans examina os fetos por meio da ressonância magnética para ver se algum deles apresenta deficiências, o que facilitaria a escolha. Mas, por fim, diz: "Aparentemente, nenhum deles tem problemas, de forma que só falta ver qual deles está mais acessível". Depois de verificá-lo, injeta 3ml de cloreto de potássio no feto escolhido. Quando a paciente volta da operação, veem-na enxugar as lágrimas; não consegue falar»[39].

Igualmente assustadora foi a frieza das autoridades britânicas que ordenaram, em 1996, a destruição de mais de 3.300 embriões humanos congelados que tinham ultrapassado o limite de cinco anos para serem implantados, previsto pela lei. De nada adiantou que centenas de mulheres britânicas e italianas, muitas delas pertencentes a organizações pró-vida, se tivessem oferecido para adotar esses embriões, e que até um ginecologista italiano conhecido pela facilidade com que usava a fecundação artificial tivesse oferecido instalações para mantê-los congelados, mas vivos, em instituições italianas.

O motivo alegado para não dar ouvidos a essas propostas foi que não tinha sido possível contactar os novecentos casais responsáveis por esses embriões a fim de obter o seu consentimento para a sua adoção ou transferência. Desse total, 650 simplesmente não foram encontrados por mudança de endereço e 260 se negaram a responder às cartas enviadas. Em consequência, a Human Fertilization and Embryology Authority (HFEA), organismo que controla as fertilizações *in vitro* no Reino Unido, determinou a sua destruição e incineração. Até os médicos que trabalhavam para as clínicas e esperavam uma ampliação do prazo disseram estar realizando a contragosto essa tarefa: «Para todos isso foi muito perturbador e uma frustração», comentou o cientista Ian Craft, do Centro de Ginecologia e Fertilidade de Londres. Como se vê, foi «um massacre não só tolerado, mas programado e determinado por leis civis que se transformaram em instrumento de violência e morte»[40].

Não seria difícil citar inúmeros outros acontecimentos eloquentes no mesmo sentido. Mas não é necessário; para enxergar à evidência como é nefasta a «tecnologia reprodutiva», basta que apliquemos a chamada «regra áurea» da Moral: «Não fazer aos outros o que não queremos que nos façam». Formulemos a nós mesmos algumas perguntas incômodas: «Gostaria eu de saber que vários irmãos meus foram friamente eliminados em meu benefício, quando ainda nem eles nem eu tínhamos a possibilidade de dizer qualquer coisa a respeito? Gostaria de ter sido "montado" debaixo do olhar frio de um "profissional" disposto a eliminar-me ao menor sintoma de desenvolvimento mais lento?»...

O «furor procriativo»

Quanto aos pais, ninguém discute que o desejo de ter um filho próprio é algo natural e, para os cristãos, é o fim do sacramento do Matrimônio. É preciso compreender, no entanto, o que diz a Instrução *Donum vitae:* «O matrimônio não confere aos esposos *o direito a ter um filho,* mas tão somente o direito a realizar aqueles atos naturais que, de per si, são ordenados à procriação»[41].

O curioso — não tão curioso assim, se pensarmos bem — é que precisamente a sociedade que quis limitar a todo o custo o nascimento de crianças por meio de pílulas e «borrachinhas», para não falar do aborto, é a mesma que agora quer «produzi-las» a preços altíssimos. Se a primeira atitude nasce de um egoísmo nefasto e demolidor, não será que quem se sujeita às manipulações da fecundação *in vitro* não pensa tanto no bem do filho que quer ter, mas sobretudo nas próprias conveniências e carências emocionais? Quererá dar a vida a um ser humano para que essa pessoa «siga o seu caminho», como se diz, ou antes seja um complemento para a própria vida, viciando na raiz a paternidade ou a maternidade, que são por natureza amores abnegados, dispostos ao sacrifício?

O escritor Mario Vargas Llosa relata num artigo de jornal o caso macabro da inglesa Diane Blood. Resumi-lo-emos aqui rapidamente, por nos parecer paradigmático de uma certa mentalidade atual levada aos extremos. Stephen e Diane Blood casaram-se em 1995, ao fim de catorze (!) anos de noivado. Pouco depois, o marido sofreu um ataque fulminante de meningite. Antes que se desse o desenlace, porém, a estarrecida esposa teve ainda a presença de espírito suficiente para pedir aos médicos que extraíssem algumas amostras de sêmen do moribundo. No entanto, a HFEA, que tem de dar o seu aval a todas as fertilizações *in vitro* realizadas no Reino Unido, negou à sra. Blood a autorização necessária para a fecundação, baseando-se em que não se podia provar o consentimento do falecido.

Diane recorreu dessa decisão, já no epicentro de um terremoto criado pela imprensa marrom. O Tribunal de Apelação limitou-se a reiterar a negativa, pelo mesmo motivo. Nova ação, agora no Supremo Tribunal, solicitando permissão para exportar o sêmen congelado de Stephen para outro país, menos rigoroso nessas matérias. Autorização negada. Mas um novo recurso no Tribunal de Apelação produziu, por fim, uma sentença sibilina: o referido material estava autorizado a viajar, mas não a fecundar quem quer que fosse... Por fim, ao cabo de três anos de vaivéns processuais, consumaram-se numa clínica de Bruxelas as tão ansiadas «bodas tétricas».

E comenta o escritor, insuspeito de simpatias para com a Moral católica, mas sem dúvida dotado desses vislumbres da verdade a que os poetas têm acesso apesar das ideologias que dizem professar: «Quanto a mim, meu coração e minhas emoções estão decididamente do lado da estupenda Diane Blood, viúva obstinada e recalcitrante. Mas a minha razão me diz que os juízes britânicos, com as suas perucas, talvez estivessem com a razão [...]. Tenho a leve suspeita de que, se neste caso a inseminação póstuma pareceu generosamente inspirada e romântica, ela cria um precedente perigoso que pode dar origem a fraudes sem conta e a substanciais vilanias. Além do mais, homem de outras épocas, confesso que o sexo frio, com provetas e anestesistas, me causa incomensurável espanto»[42].

É difícil dizer o que causa mais pena, se o drama da sra. Blood ou o «furor procriativo» do qual se deixou tomar. Quanto às fraudes e vilanias implicadas no processo, para não falar dos problemas, perplexidades e tragédias pessoais gerados pelo simples recurso à fecundação *in vitro,* bem como pelo desleixo dos bancos de sêmen e das autoridades sanitárias, não constituem propriamente uma perspectiva futura que seja preciso temer, mas uma realidade amplamente instalada.

Uma rápida amostragem basta para dar vertigens. Em Nova York, o doador «anônimo» Steve Wittrnan resolveu processar um casal de lésbicas (Andra, inseminada com o seu esperma, e Mary, amante da anterior) para decidir com quem ficaria a custódia do pequeno Allison, de 16 meses. No Dakota do Sul, a sra. Arlette Schweitzer, uma bibliotecária de 42 anos, ficou grávida de um casal de gêmeos; os óvulos tinham sido doados pela sua filha e inseminados por um doador anônimo. Essas crianças... são filhas da mãe-avó ou da meia-irmã, a «mãe genética»? Julia Skolnik, branca, deu à luz um filho de cor, depois de supostamente ter sido inseminada pelo esperma do seu falecido marido, também branco[43]. Na Inglaterra, são já rotina os litígios judiciários em que as mães de aluguel reclamam a custódia das crianças, ou, vice-versa, são as mães genéticas que procuram recuperá-las das que as gestaram e a elas se afeiçoaram ao longo de nove meses, recusando-se a entregá-las após o parto...

Diante da inextricável teia em que se envolvem essas pessoas, diante da total desordem emocional que pode tomar conta das suas vidas, diante do destino das infelizes vidas concebidas e sacrificadas ao sabor das emoções, dos interesses ou dos caprichos dos adultos, não será necessário reconhecer que, ao condenar tanto a contracepção como a fecundação artificial, a Igreja estava oferecendo a uma sociedade desnorteada a sua sabedoria de Mãe e Mestra e de «perita em humanidade»?

Alternativas possíveis

A mesma Instrução que condena de maneira tão categórica a inseminação artificial e a fecundação *in vitro* anima os cientistas a continuarem a procurar soluções moralmente lícitas que sejam capazes de resolver o problema da esterilidade. No que diz respeito à *inseminação artificial homóloga,* menciona expressamente uma nuance que vale a pena analisar.

A *Donum vitae* diz exatamente o seguinte: «A inseminação artificial homóloga, dentro do matrimônio, não pode ser admitida, com exceção do caso em que o meio técnico venha a ser, não *substitutivo* do ato conjugal, mas uma facilidade e um auxílio para que aquele atinja a sua finalidade natural. [...] *Se o meio técnico facilita o ato conjugal ou o ajuda a atingir os seus objetivos naturais, pode ser moralmente aceito.* Pelo contrário, sempre que a intervenção substitua o ato conjugal, ela é moralmente ilícita»[44].

Esta doutrina coincide exatamente com aquilo que Pio XII ensinava, já em 1951, aos congressistas da União Católica Italiana de Obstetras: a consciência moral, dizia o Papa, «não proíbe necessariamente o uso de alguns meios artificiais destinados unicamente ou a facilitar o ato natural ou a fazer com que o ato natural, normalmente realizado, atinja o seu fim próprio»[45].

Nos casos, portanto, em que o elemento técnico não substitui a relação conjugal normal, mas a ajuda a alcançar a sua finalidade procriativa, a inseminação artificial pode ser lícita. Quando existe uma obstrução do colo do útero, por exemplo, pode-se, depois de um ato sexual normal, recolher o sêmen do fundo da vagina com uma sonda e depois atravessar com ela o colo uterino, depositando esse sêmen dentro do corpo do útero. Neste caso, não se separaria o aspecto unitivo do procriativo, mas ajudar-se-ia o ato unitivo a atingir a sua finalidade natural de procriação. Consequentemente, essa técnica seria lícita do ponto de vista moral.

Em muitos casos, também, a simples hiperestimulação controlada dos ovários pode ser suficiente para aumentar as probabilidades de a mulher ficar grávida, tanto no caso de esterilidades inexplicadas na mulher como no de subfertilidade masculina por escassa quantidade de espermatozoides, ou ainda em outros tipos de esterilidade[46]. São técnicas que é preciso experimentar antes de recorrer a procedimentos mais complexos, mais arriscados, mais caros ou menos idôneos do ponto de vista ético.

Recentemente, tem-se divulgado um método praticado na Policlínica Gemelli de Roma, chamado «método GIFT», sigla correspondente a *Gametes Intra Falloppian Transfer,* isto é, transferência de gametas dentro da trompa de Falópio. O seu mentor, o dr. Nicola Garcea, pensa que é uma técnica compatível com as normas morais recordadas na *Donum vitae.*

Consiste no seguinte: há uma relação conjugal normal, com preservativo furado, para coleta do sêmen.

Como o preservativo é furado, não é contraceptivo, e assim se evita a masturbação e se preserva a finalidade unitiva da relação. Do sêmen coletado, selecionam-se os espermatozoides mais ativos. Retiram-se do ovário vários óvulos, por aspiração, e escolhem-se os melhores. Numa seringa, aspira-se o líquido folicular que rodeia o óvulo, no ovário, juntamente com dois óvulos selecionados; a seguir, aspira-se um pouco de ar, que separará os gametas na seringa, para evitar a fertilização *in vitro;* e por fim aspiram-se também os espermatozoides selecionados. Estes elementos são injetados na trompa, onde ocorrerá a fecundação, que será *in vivo* e no local em que ocorre naturalmente. Dez dias depois, fica-se sabendo se o resultado foi positivo, isto é, se a mulher ficou grávida.

Segundo alguns especialistas em fertilidade com quem tive oportunidade de falar, os resultados seriam equivalentes ou superiores aos da fecundação *in vitro*. Quando se efetua previamente um sofisticado tratamento do sêmen e uma superestimulação ovárica controlada, os resultados atingem 20-30% de êxito[47]. Mas essa técnica não funciona quando há, em ambas as trompas, uma obstrução tubárica muito próxima do corpo do útero.

Quanto à *qualificação moral,* pode-se dizer que este método apresenta diversas vantagens sobre a fecundação *in vitro*. Em primeiro lugar, a fecundação dos óvulos ocorre no lugar natural, razão pela qual muitos moralistas consideram que este método simplesmente facilita a consumação do ato conjugal com o auxílio da técnica. Em segundo lugar, não há extermínio de embriões humanos tidos como defeituosos ou inúteis nem manipulação dos zigotos já formados. Além disso, evita-se também a masturbação.

No entanto, subsistem ainda as seguintes dúvidas: a extração dos gametas e a sua manipulação será compatível com o respeito à Lei Natural? E as finalidades unitiva e procriativa do ato sexual não ficariam separados com a manipulação dos gametas fora do organismo da mulher? Para dirimir estas questões, será preciso esperar a manifestação do Magistério sobre esta técnica[48].

Quando as trompas não permitem usar o método GIFT clássico, tal como foi descrito acima, existe ainda a possibilidade de usar o TIUG (Transferência Intrauterina dos Gametas), que consiste em depositar os gametas no corpo do útero, ao invés de fazê-lo na trompa[49]. Na Inglaterra, espera-se poder dispor dentro de dois anos de uma técnica viável de transplante de úteros, que resolveria boa parte dos problemas criados pela fecundação *in vitro*[50]. Também os avanços na microcirurgia e na cirurgia endoscópica devem proporcionar boas alternativas em muitos casos, cada vez com mais frequência, à medida que progridem os conhecimentos científicos e técnicos nesta área.

Transplante de órgãos

Em sentido amplo, o transplante pode ser definido como «o deslocamento de uma parcela maior ou menor de tecido ou de um órgão de uma parte do corpo para outra, ou de um organismo para outro»[51]. São numerosos os tecidos e órgãos que já foram transplantados: rins, coração, ossos, córnea, fígado, pâncreas, pulmão, pele, válvulas cardíacas. Os melhores resultados foram alcançados no transplante de rim e de córnea. O primeiro transplante renal humano realizado com êxito ocorreu em 1954. O primeiro de coração, feito pelo dr. Barnard, foi realizado em 1967, na Cidade do Cabo (África do Sul).

Chama-se *autotransplante* ou *autoenxerto* o transplante em que o doador e o receptor são a mesma pessoa, ou seja, quando apenas se transferem pele, osso etc. de uma parte do organismo para outra. No *heterotransplante*, o doador e o receptor são seres diferentes; neste caso, o doador pode ser um animal (caso em que às vezes se fala de *xenotransplante*) ou um ser humano, vivo ou morto (neste caso, fala-se de *homotransplante*).

Considerações éticas

Do ponto de vista moral, não há qualquer problema com o *autotransplante*, plenamente justificado pelo princípio da totalidade, de acordo com o qual uma parte do corpo está subordinada ao bem do organismo inteiro. Também é lícito o *xenotransplante*, de um animal para o homem, porque a simples presença de tecidos ou órgãos que não se tenham originado no organismo da pessoa não representa nenhum tipo de degradação da dignidade humana.

Igualmente se aceita a licitude do *heterotransplante* de órgãos quando o doador é falecido e se dispõe do seu consentimento enquanto vivo ou do da sua família. Sempre se deve respeitar o que a pessoa tenha disposto expressamente em vida; se esta vontade não for conhecida, os familiares ou os legítimos herdeiros podem supri-la, dando ou negando o consentimento. Por isso diz o *Catecismo* que «o transplante de órgãos não é moralmente aceitável se o doador ou seus tutores não deram um consentimento esclarecido»[52].

Também a autoridade civil pode dispor da obtenção de órgãos de cadáveres, dentro das normas estabelecidas por uma lei justa, mas somente se *faltar o consentimento esclarecido do doador ou dos tutores ou herdeiros*, caso em que a responsabilidade por um ato pessoal recai sobre a coletividade. Neste sentido, parece ser lícita em princípio uma lei que determine serem todos os cidadãos doadores potenciais, desde que não manifestem explicitamente o contrário. Mas é preciso que exista *absoluta liberdade* para a pessoa declarar que não deseja ser doador, bem como a possibilidade de deixar a decisão a cargo de parentes ou amigos.

Quando se cumprem todas as condições acima apontadas, «o dom gratuito de órgãos depois da morte é legítimo e pode até ser meritório», como nos diz o *Catecismo da Igreja Católica*[53].

No entanto, como uma das condições para o êxito do transplante é que um órgão proveniente do cadáver do doador seja retirado o mais cedo possível, para que o tecido nobre não se deteriore, torna-se necessário ter *certeza absoluta da morte do doador* antes de retirar-lhe o órgão, especialmente se se trata de um órgão vital, como o coração ou o fígado. Por isso, do ponto de vista da bioética, uma das questões mais importantes diz respeito à certeza da morte do doador humano.

Quando é que uma pessoa está morta?

O dr. Barnard, numa entrevista dada em 1967, afirmava que «um paciente está morto quando o cérebro deixa de dar ordens, ao pulmão, de respirar; ao coração, de latejar; às pupilas, de reagir à luz, e de se manifestarem outros reflexos»[54]. Neste caso, o cérebro está afetado irremediavelmente e o eletroencefalograma (EEG) é negativo: reduz-se a uma linha horizontal.

Alguns meses depois, o dr. Eurípides Zerbini, o primeiro médico a realizar transplantes do coração no Brasil, indicava igualmente os mesmos critérios para comprovar a morte real do indivíduo, o momento para além do qual já não há mais possibilidade de recuperação. Destacava sobretudo «o silêncio do EEG», que indica o desaparecimento de toda a atividade cerebral; a ausência total de resposta a estímulos sensoriais, luminosos e sonoros; e a cessação de toda a atividade cardíaca e pulmonar[55]. Verificados estes sinais, pode-se retirar o órgão a ser transplantado, pois o doador está realmente morto.

Mas é importante frisar que *não basta apenas um desses critérios,* porque, se um órgão vital fosse retirado antes da morte, praticar-se-ia um ato gravemente ilícito: na prática, equivaleria simplesmente a matar um ser humano inocente. Por isso mesmo, um simples descuido ou leviandade nesta matéria é de extrema gravidade.

A questão é importante porque, em 1968, um Comitê da Universidade de Harvard propôs modificar os critérios de morte, substituindo o critério clássico de parada cardiorrespiratória irreversível pelo de «morte cerebral». Alegava «razões de ordem prática», e mais exatamente o interesse em suspender as medidas hospitalares que sustentavam a vida de determinados pacientes, especialmente dos que se encontravam em Estado Vegetativo Persistente, a fim de legitimar o transplante de órgãos vitais em melhores condições[56].

Surgiram daí duas teorias: a da *morte cerebral superior* e a da *morte cerebral total.*

A teoria da *morte cerebral superior* sustenta que as funções críticas que definem o homem seriam somente as funções nervosas superiores, como a consciência psicológica que temos quando estamos acordados, alguns tipos de memória etc., funções que usam como instrumento a parte do sistema nervoso central conhecida como cérebro ou hemisférios cerebrais. Segundo esta teoria, o desaparecimento irreversível dessas funções constituiria a morte do ser humano, mesmo que o coração continuasse a bater espontaneamente e o pulmão respirasse sem a ajuda de aparelhos. Portanto, um indivíduo em Estado Vegetativo Persistente (EVP) seria já um morto, suscetível de tornar-se doador de órgãos vitais mesmo antes de deixar de respirar.

Em contrapartida, a teoria da *morte encefálica total,* defendida pelo dr. Zerbini, sustenta que a morte do ser humano só ocorre pela morte do 'organismo como um todo, isto é, quando morre também a parte inferior do cérebro ou tronco encefálico, onde estão os centros nervosos superiores que sustentam a respiração e a circulação sanguínea. É a única atitude eticamente correta, pois nesta matéria não se podem correr riscos: está em jogo a vida de um ser humano.

É conveniente que este conceito fique bem claro, pois a teoria da morte cerebral superior é muito tentadora, uma vez que forneceria órgãos em ótimas condições para o transplante. Essa alegação evidentemente contraria um dos princípios mais elementares da Ética: o de que «o fim não justifica os meios».

Também não se pode alegar que «a pessoa em estado de coma vai morrer em breve», e além disso «não tem mais consciência do que acontece com ela».

Houve já pacientes em Estado Vegetativo Persistente que viveram mais de 30 anos; outros, contra todos os prognósticos, voltaram a recuperar-se depois de um tempo mais ou menos longo em estado vegetativo; e algumas dessas conseguiam lembrar-se, mais tarde, das conversas que os médicos tinham enquanto elas estavam inconscientes. É, portanto, de uma prudência elementar ater-se à morte encefálica total.

O anencefálico como doador de órgãos

Anencefálico é todo embrião, feto ou bebê que carece de uma parte do sistema nervoso central, mais concretamente dos hemisférios cerebrais e de uma parte, maior ou menor, do tronco encefálico (bulbo raquidiano, situado acima da medula, e os dois segmentos seguintes: ponte e pedúnculos cerebrais). Como no bulbo raquidiano estão situados os centros da respiração e da circulação sanguínea, o anencefálico pode nascer com vida e viver algumas horas, mais raramente alguns dias ou poucas semanas. Os órgãos de um anencefálico são especialmente adequados para transplantes na área pediátrica, pelo seu tamanho, fácil adaptação e, ainda, devido ao fato de provocarem pouca rejeição por parte do organismo receptor, uma vez que provêm de um recém-nascido.

No entanto, é preciso deixar bem claro que o anencefálico é um ser humano, da mesma forma que não deixa de ser humano um adulto que perdesse parte do seu cérebro num acidente ou em virtude de uma cirurgia para extirpar um tumor maligno. Nunca é lícito, portanto, prejudicá-lo de qualquer forma, fazê-lo sofrer ou extrair-lhe os órgãos enquanto ainda está vivo.

Se tivermos presentes estes pontos, podemos resolver diversas dúvidas que se apresentam, no campo da Ética, diante da possibilidade de usar órgãos provenientes dessas pessoas em transplantes. A primeira questão é a seguinte: diagnosticado o defeito cerebral no exame pré-natal, é lícito programar o parto de um anencefálico vivo em função de um futuro transplante?

Não é possível dar uma resposta simples e válida para todos os casos; é preciso distinguir algumas situações diferentes.

1. Em termos gerais, aplicáveis a qualquer nascituro, pode-se afirmar que é lícito programar o parto quando *o feto é viável e existe uma indicação terapêutica que recomende essa medida para o bem do feto ou da mãe*. No caso de um anencefálico vivo, poder-se-ia adiantar em alguns dias o parto, pois pode ser benéfico para ela que a criança nasça com vida[57]. Além disso, sempre será necessário o consentimento dos pais, tanto para acelerar o parto como para usar os órgãos do bebê num transplante.

2. Se *não existir, porém, qualquer benefício para a mãe* e a programação do parto da criança anencefálica puder encurtar a sua vida, essa programação

não será lícita, pois não temos o direito de antecipar a morte de ninguém.

A seguir, levanta-se uma segunda dúvida: depois de um anencefálico nascer vivo, pode-se submetê-lo a um tratamento como a terapia intensiva, que impeça a deterioração dos tecidos e órgãos? Também aqui a resposta exige uma distinção.

1. Enquanto a criança anencefálica estiver viva, de acordo com os critérios de morte cerebral total, *não se pode submetê-la a esse tratamento de terapia intensiva*, pois isso prolongaria o seu sofrimento sem lhe trazer o menor benefício.

2. Assim que se tiver a certeza de que faleceu, porém, *é lícito aplicar-lhe esse tratamento*, uma vez que isso pode ser feito com o cadáver de qualquer pessoa. Essa manipulação do cadáver justifica-se pelo benefício que propicia a quem vai receber o transplante.

Transplante de tecidos e órgãos fetais

Lá pelos idos de 1987, a imprensa mundial noticiou que certa mulher pretendia conceber um bebê através de inseminação artificial, para que o feto resultante pudesse ser usado como doador de tecido nervoso para tratar o pai, afetado pela doença de Parkinson[58]. Embora compreensível, era um abuso evidente, porque tratava a criança como puro meio para conseguir um fim.

Mas, por que usar tecidos ou órgãos de um feto em transplantes? Porque apresentam diversas vantagens: crescem rapidamente, adaptam-se com facilidade ao novo organismo e, convenientemente tratados, quase não provocam rejeição. As possibilidades terapêuticas que os tecidos e órgãos fetais ou embrionários oferecem são muitas, como por exemplo o transplante de tecido nervoso (impossível ou ineficaz no caso de doadores adultos), que deve provir de um feto que esteja entre a oitava e a décima semana de gestação; o transplante de células do timo e da medula óssea, para o tratamento da leucemia e outras doenças relacionadas com os glóbulos brancos; e ainda o transplante de diversos órgãos, especialmente na área pediátrica.

Numa reunião da Associação Britânica de Cirurgiões Pediátricos, realizada em Istambul (Turquia) em julho de 1997, o dr. Dario Fauza, de Harvard, apresentou os resultados de pesquisas feitas com tecidos fetais para tratamento de defeitos congênitos; concretamente, relatou alguns trabalhos cirúrgicos de reposição de órgãos como a bexiga e a pele de ovelhas adultas usando células de tecido fetal. O objetivo primário desses estudos era usar células do tecido fetal para corrigir defeitos congênitos graves em crianças, como lábio leporino (falta de fechamento do céu da boca ou abóbada palatina), problemas na traqueia etc.[59] Mais recentemente, anunciou-se que algumas empresas de biotecnologia americanas já estariam produzindo pele humana para transplantes em escala comercial[60]. Essa linha de trabalho é de extremo interesse, porque se prevê que essa técnica — já apelidada «engenharia de tecidos» — poderá servir para reconstruir órgãos inteiros, o que poderia vir a substituir vantajosamente os transplantes feitos a partir do corpo de um doador e eliminaria a perigosa tentação da clonagem para obter órgãos.

Estes procedimentos suscitam, na prática, uma série de dúvidas éticas. No entanto, os princípios básicos que se podem seguir são bastante simples:

1. *É lícito o uso de tecidos e órgãos de um feto quando este já está morto* e existe prévio consentimento dos pais ou pessoas responsáveis.

2. Considerada em si mesma, também *é lícita a cultura de tecidos embrionários* para acorrer aos problemas terapêuticos acima apontados.

3. *É igualmente lícito aproveitar um embrião ou feto, morto em consequência de um aborto espontâneo ou de um aborto indireto, licitamente tolerado,* desde que se disponha do consentimento dos pais*.

Já a utilização de tecidos e órgãos provenientes de um aborto provocado suscita; evidentemente, uma série de reservas do ponto de vista ético. Se houver

---

* Sobre os casos em que se pode tolerar um aborto indireto, veja-se Aurelio Fernandez, *Compedio de Teología Moral*, Palabra, Madri,1995.

qualquer tipo de conexão entre o aborto direto e o transplante — isto é, se as duas equipes médicas, aquela que provoca o aborto e aquela que usa os tecidos ou órgãos do feto abortado, se puserem de acordo —, estaremos diante de um homicídio com duplo agente. Infelizmente, na prática, essa conexão não é rara, porque há interesse em utilizar os tecidos e órgãos da criança abortada o mais rapidamente possível. Não é raro, até, que o aborto seja programado em função do transplante.

Somente seria lícito, pois, aproveitar tecidos ou órgãos de um feto abortado diretamente se *não houvesse nenhum tipo de entendimento prévio entre as duas equipes médicas,* nem direta nem indiretamente (através de terceiros). De forma alguma seria lícito se:

1. *O destino terapêutico do material embrionário estimulou ou influiu positivamente no aborto.*

2. *A petição do tecido ou órgão precedeu a decisão da mulher de abortar,* pois a ideia de que o seu filho pode servir para curar alguém pode amortecer o instinto maternal e a aversão a matar o próprio filho.

3. *Existiu qualquer relação entre a mulher que aborta e as pessoas que se beneficiarão do transplante.*

4. *A mulher recebeu qualquer tipo de compensação ou deu o seu consentimento sob a influência de pressões externas*[61].

Por fim, também não é lícito de forma alguma criar embriões em laboratório para usar os seus tecidos ou órgãos. Esta possibilidade não é remota, pois os meios de comunicação social já noticiaram a criação de um útero artificial que permitiu o desenvolvimento dos embriões de alguns mamíferos até o nascimento.

O transplante entre seres humanos vivos

O transplante entre seres humanos vivos (homotransplante *intervivos)* foi durante alguns anos o principal ponto que dividiu os moralistas. Havia aqueles que o consideravam ilícito, argumentando que o doador sofria uma mutilação que não se justificaria pelo princípio da totalidade (só é lícito sacrificar uma parte do corpo em benefício da totalidade do mesmo corpo)[62]. Outros defendiam a licitude deste tipo de transplante, apoiados no princípio do *voluntário indireto,* que afirma ser lícito realizar um ato que produza dois efeitos, um bom (no caso, curar uma doença grave) e outro mau (a mutilação do doador).

Atualmente, para justificar a doação de órgãos *intervivos,* invoca-se antes o *princípio da sociabilidade:* o homem sadio e livre pode oferecer uma parte do seu organismo, desde que não seja necessária para a sua vida, em proveito do próximo enfermo, sem contradizer a Lei Natural[63]. Ou se argumenta que o transplante entre pessoas vivas se justifica eticamente pela *prioridade da pessoa*, ou seja, que o valor eminente da vida do doente permite o sacrifício da saúde por parte de uma pessoa sadia.

Em resumo, este princípio baseia-se na solidariedade humana: todos somos filhos de Deus e, portanto, irmãos. E a virtude da caridade eleva esse gesto a um plano sobrenatural, tornando-o meritório aos olhos de Deus: se nunca é lícito fazer o mal a outra pessoa, é sempre lícito e meritório *sofrer* o mal por outro.

O Magistério da Igreja nunca se manifestou de forma contrária a este tipo de transplante. Pelo contrário, na Carta Encíclica *Evangelium vitae*, o Papa João Paulo II afirma: «Entre estes gestos [de solidariedade e doação], merece particular apreço a doação de órgãos feita segundo formas eticamente aceitáveis para oferecer uma possibilidade de saúde e até de vida a doentes por vezes já desprovidos de esperança»[64].

As condições éticas para a licitude do transplante entre pessoas vivas serão, portanto, as seguintes:

1. É preciso que o órgão *não seja necessário para a vida do doador.*

2. Que a doação seja *livre* e *vise um fim honesto.*

3. Que o transplante seja *verdadeiramente necessário para a vida ou a saúde do receptor.*

4. Que haja *razoáveis esperanças de êxito e proporção entre os benefícios esperados e os prejuízos causados ao doador*[65].

Como é evidente, o comércio de órgãos ou até a doação feita para obter algum tipo de compensação são absolutamente ilícitos. Também seria contrário à Ética qualquer tipo de pressão moral sobre uma pessoa para forçá-la a doar um de seus órgãos a algum parente ou amigo. A *doação,* como o próprio termo indica, deve ser *gratuita:* «Nunca se devem usar os órgãos ou tecidos [do corpo humano] como artigos de venda ou troca. Uma concepção tão redutiva e material acabaria num uso meramente instrumental do corpo e, por conseguinte, da pessoa. Deste ponto de vista, o transplante de órgãos e o enxerto de tecidos já não corresponderiam a um ato de doação, mas se converteriam em despojamento e desmanche de um corpo»[66].

Tal como não existe um «direito ao filho», não existe um «direito à saúde» que permita passar por cima das necessidades vitais dos outros. Por doloroso que possa ser em alguns casos, se determinado transplante ou cura não se puder fazer por falta de doadores, nem por isso se pode recorrer a meios ilícitos, porque isso só redundaria em estragos terríveis na consciência e na humanidade do receptor e de todos os envolvidos.

A doação deve, pois, ser um ato consciente, livre, responsável e gratuito. «Pressupõe uma decisão anterior, explícita, livre e consciente por parte do doador ou de alguém que o represente legitimamente, em geral os parentes mais próximos»[67].

Um caso especial, embora bastante hipotético, seria o do transplante de glândulas sexuais (os testículos ou o ovário). Se o objetivo fosse fornecer os hormônios necessários para uma vida física e psíquica normais, o transplante de gônadas seria lícito, tal como é lícito transplantar um pâncreas com células produtoras de insulina para um diabético grave. Mas, se fosse a possibilidade de ter filhos, haveria sérias reservas de ordem moral, porque a paternidade e a filiação que essas glândulas permitiriam seriam fictícias: o patrimônio genético dos gametas originados nas glândulas transplantadas seria completamente diverso do do sujeito receptor. Neste caso, deixaria de haver uma base biológica autêntica para fundamentar a relação paternal ou maternal com os filhos que viessem a ser gerados[68].

Crianças como doadoras

Outro caso particular de transplante *intervivos* é aquele em que o doador é uma criança que ainda não atingiu o uso da razão (o que costuma ocorrer por volta dos sete anos), e que portanto é incapaz de decidir com liberdade e responsabilidade. Neste caso, é preciso distinguir entre a doação de um tecido que pode ser regenerado e um órgão que se perde para sempre.

Se se trata de um tecido regenerável, como sangue ou pele, os pais podem decidir pela criança, desde que exista uma causa grave que justifique essa decisão. A razão é a autoridade que os pais têm sobre os filhos menores de idade, especialmente quando estes ainda não atingiram o uso da razão, autoridade que é de Lei Natural. Por outro lado, a criança não sofre nenhuma mutilação irreparável capaz de comprometer a sua integridade física de forma permanente.

Já quando se trata do transplante de um órgão vital duplo — rim, por exemplo —, cuja extração provocaria uma deficiência considerável na integridade física da criança, os pais não têm autoridade para decidir em nome dela.

O caso da família Ayala, que agitou a opinião pública dos EUA em fins dos anos 80, ilustra com clareza essa situação. Mary e Abe Ayala tinham três filhos. A mais velha das meninas, Anissa, de dezesseis anos, começou a sentir-se mal. A dra. Gutierrez, médica da família, logo suspeitou do que poderia ser pela simples história clínica, e o hemograma da menina — a análise de sangue — confirmou a sua suspeita: tratava-se de uma leucemia mieloide crônica (LMC). A causa dessa doença é uma alteração cancerosa das células brancas do sangue, geradas na medula óssea, e só pode ser curada eliminando-se a medula contida nos ossos longos do paciente por quimioterapia ou irradiação, seguida de transplante de medula sã proveniente de uma pessoa compatível, coisa nada fácil de acontecer fora do âmbito dos parentes mais próximos.

Enquanto se esperava que aparecesse um doador compatível — tanto os pais como os irmãos de Anissa não o eram —, a menina foi tratada com quimioterapia e com interferon, apresentando boa recuperação. Os pais rezaram muito, procuraram muita gente e trabalharam a fundo, tanto que, graças aos seus esforços, o número de doadores potenciais catalogados numa fundação com essa finalidade aumentou muito; no entanto, não se encontrava um doador compatível para a filha. Por fim, a irmã da doutora Gutierrez, Bobbie Roger, falou um dia com Mary Ayala, sugerindo-lhe que a solução talvez estivesse em ter outro filho, pois pela leis da genética havia bastantes probabilidades de que fosse compatível com Anissa.

Os pais assustaram-se e relutaram muito, pois diante deles se erguiam as barreiras da idade — Mary já tinha 41 anos — e, sobretudo, da fecundidade, uma vez que Abe tinha feito vasectomia. Mas, como continuava a não haver um doador adequado, acabaram por aceitar a ideia. Abe submeteu-se a uma cirurgia de reversão da vasectomia e, alguns meses depois, Mary engravidava de uma nova menina, a quem deram o nome de Marissa. Era compatível com a irmã. Quando o bebê completou catorze meses, fez-se um transplante de medula e Anissa sarou completamente: em 97, depois de cinco anos, continuava com o hemograma normal[69].

Houve médicos que fizeram reparos a essa operação em nome da ética, apontando que a criança era incapaz de dar o seu consentimento e de perceber o alcance do que se estava fazendo com ela. Num caso como este, porém, é preciso ponderar que a doação de medula óssea, que é regenerável, não configura uma mutilação, como já vimos; que a doação se processou dentro de uma família unida e era destinada a salvar a vida de uma irmã, donde decorre que é plenamente lícito presumir que a doadora daria o seu consentimento; por fim, Marissa não foi concebida instrumentalmente, como simples meio para se obter medula, uma vez que havia igualmente a possibilidade de não ser compatível e, neste caso, os pais teriam levado a cabo a gestação com igual carinho, conforme afirmaram. Por tudo isto, penso que essa operação não só foi perfeitamente lícita como teve valor exemplar, pois essa família foi em muitos aspectos um paradigma de solidariedade, de união familiar, fortaleza e confiança em Deus. Poderão ter cometido algum erro anteriormente — caso concreto da vasectomia —, mas compensaram-no amplamente.

Doação e transfusão de sangue

Tal como ocorre com os outros órgãos, doar sangue com finalidade altruísta é muito meritório, desde que o doador não venha a sofrer um prejuízo sério na sua saúde e não tenha consciência de ser portador de qualquer fator patogênico para o receptor, como os vírus de algum tipo de hepatite, o HIV etc. Mesmo quem doa sangue em troca de algum benefício (dinheiro, favor etc.) não parece ferir a Ética, desde que o faça em quantidades e a intervalos medicamente adequados para não enfraquecer o seu organismo[70].

Também parece não haver nenhum problema moral em receber o sangue de outra pessoa sempre que necessário, pois a transfusão pode perfeitamente ser considerada um meio ordinário em determinadas circunstâncias para recobrar a saúde, e todos temos obrigação moral de usar de todos os meios ordinários prescritos pela ciência médica para conservar a saúde.

E se o paciente se recusa, por motivos religiosos, a receber uma transfusão de sangue, qual deve ser a atitude do médico? Pode ele aplicar essa transfusão contra a vontade do paciente ou dos seus responsáveis legais?

Se o paciente se encontra numa situação tal que, sem essa transfusão, *correria iminente perigo de vida*, o médico pode aplicar-lhe a transfusão, mesmo contra a sua vontade. Por Lei Natural, a obrigação de conservar a vida alheia prevalece sobre a obrigação de respeitar a liberdade e a consciência do próximo[71]. O aparente conflito entre a obrigação de respeitar a consciência alheia e o dever de salvar a vida pode resolver-se aplicando o princípio moral chamado do «voluntário indireto» ou da «causa de duplo efeito», pois neste caso se cumprem as condições para que possa ser aplicado com consciência segura:

1. *O ato em si é bom:* uma transfusão médica é, como vimos, um procedimento médico ordinário e necessário.

2. *O fim* que o médico procura imediatamente *também é bom:* salvar uma vida.

3. *O efeito bom consegue-se diretamente através da causa,* a transfusão.

4. *O efeito mau* — desconsiderar a vontade do paciente — *é apenas mediato e acidental.* O que o médico procura, repetimos, é salvar uma vida através de um meio bom em si mesmo, a transfusão; não pretende causar problemas de consciência ao paciente, embora não possa evitá-los, mesmo que os preveja.

5. *Existe um motivo proporcionalmente grave para tolerar o efeito mau;* afinal, salvar uma vida é para o médico uma obrigação de justiça para com a sociedade e o cumprimento do juramento hipocrático que fez.

Experimentação *in anima nobili*

Experiências com seres humanos

Os animais e plantas foram criados em função do homem, e por esta razão, quando há um motivo razoável, podem ser sacrificados em benefício do ser humano, servindo-lhe de alimentação, de material de experimentação científica etc. Mas *o homem nunca pode ser sacrificado em função do homem:* em princípio, portanto, não é lícito fazer experiências científicas usando o ser humano como simples cobaia.

A dignidade da pessoa humana concreta é, como vimos, um valor superior ao do progresso da ciência, ao bem da humanidade e outros «futuríveis», que estão longe de sair do reino das meras possibilidades. Por isso, todos os cientistas de bom senso sempre estiveram de acordo em condenar as experiências feitas em prisioneiros de guerra nos campos de concentração, durante a Segunda Guerra mundial.

A verdade é que o fim dos regimes nazista e stalinista não trouxe o fim dos abusos. Não faltam os filmes, como *Medidas extremas,* de Michael Apted, ou *Teoria da conspiração,* de Mel Gibson, que sugerem de forma romanceada que o mesmo continua a acontecer quer por iniciativa privada, quer no âmbito militar. Mais assustador, no entanto, é o caso do Projeto Tuskegee, encerrado em 1972, que causou bastante celeuma na imprensa recentemente.

Nos anos 30, ainda não se sabia ao certo se a sífilis tinha os mesmos efeitos em brancos e negros. Para dilucidar o assunto, o Serviço de Saúde Pública dos EUA criou um centro de assistência médica em Macon, no Alabama, oficialmente dedicado ao tratamento gratuito da população carente. Dentre os trabalhadores da área rural que assinaram um documento em que concordavam em participar de um programa gratuito de ajuda médica proposto pelo governo, selecionaram-se 399 negros nos quais se diagnosticara sífilis, embora nenhum deles tivesse consciência de sofrer dessa doença. Enquanto se simulava um tratamento — na realidade, recebiam apenas placebos («remédios» com a aparência normal de pílulas, comprimidos ou gotas, mas sem princípio ativo, isto é, sem qualquer efeito curativo) —, estudavam-se os progressos da sífilis no seu organismo. E isso perdurou mesmo depois de descoberta a penicilina, que permite curar essa doença.

Só em 1972 é que se publicou um estudo que denunciava o caso. Relatava, entre outras, as seguintes consequências: 28 dos que se tinham submetido à experiência involuntária haviam morrido em consequência direta da sífilis; 100 outros, de complicações causadas por ela; pelo menos 40 esposas tinham sido infectadas, e 19 crianças haviam nascido com a doença. E foi apenas em 1997 que o governo americano admitiu a responsabilidade pelo ocorrido, embora tivesse pago uma indenização de cerca de US$ 10 milhões a mais de 6 mil sobreviventes e familiares, após uma ação coletiva movida em 1973. Em 16.05.97, numa cerimônia realizada na Casa Branca, o presidente Bill Clinton apresentou um pedido formal de desculpas às vítimas, representadas por cinco dos oito sobreviventes. Um deles, Herman Shaw, de 94 anos, falou pelo grupo: agradeceu o pedido de desculpas e a oportunidade de tentar esquecer aquele «pesadelo horrível», mas acrescentou que «as feridas que nos foram infligidas não podem ser curadas; os danos resultantes do Projeto Tuskegee são muito mais profundos»[72].

Em face disso, convirá repisar que o cientista, antes de ser cientista, é fundamentalmente homem, e por isso está submetido aos preceitos da Ética como qualquer profissional. Da mesma forma, todo o avanço médico tem de submeter-se aos princípios morais, como aliás acontece em todas as áreas do saber humano. O pesquisador experimental não tem por que gozar de qualquer privilégio ou isenção especial; como diz um deles, «a sua benéfica atividade não é isenta da regra de ouro de fazer o bem e evitar o mal»[73].

No entanto, em toda a pesquisa sobre novas terapias ou medicamentos, há um momento em que não bastam as experiências já realizadas sobre animais de laboratório e é preciso fazer alguns testes *in anima nobili,* «num espírito nobre», isto é, em pacientes vivos. Portanto, *há experiências que se podem realizar licitamente no ser humano.* Quando, no julgamento de Nurenberg, se tornaram públicos os crimes dos médicos nazistas nos campos de concentração, elaborou-se um código de ética, posteriormente ampliado e aperfeiçoado na *Declaração de Helsinki* (1964, posteriormente revista em Tóquio, 1975). Essa declaração estabelece os *requisitos para a licitude de experiências no ser humano,* aliás plenamente concordes com a Lei Natural:

1. *O experimento deve ter suficiente fundamento científico e uma base experimental prévia,* na qual tenham sido usados animais de laboratório, como já dissemos, para evitar ao máximo riscos desnecessários para o ser humano.

2. *Aquele que realiza o experimento deve ter uma adequada formação humana e científica,* bem como a devida sensatez e senso de responsabilidade. Não pode ser um visionário nem meter-se a diletante em áreas que não domina convenientemente.

3. O indivíduo que vai ser submetido à experiência deve ser informado sobre a mesma e as suas possíveis consequências. *Deve dar expressamente o seu consentimento de forma absolutamente livre e plena,*

sem qualquer tipo de coação ou pressão. O pesquisador não pode ultrapassar os limites desse consentimento, indo além do que foi autorizado.

4. *O risco que o paciente corre* com relação à vida, saúde, doenças etc., *deve ser proporcional aos benefícios que ele e a sociedade possam obter diretamente,* prevalecendo sempre o seu interesse. Quando existe o perigo de acontecer um dano para o paciente, a experiência só se justifica se lhe trouxer um benefício maior, no que diz respeito ao diagnóstico ou tratamento, e não houver outros recursos mais eficazes e seguros.

Portanto, são ilícitas todas as experiências que comportam um perigo grave e não têm utilidade para a saúde da pessoa que é submetida a esse procedimento arriscado. Também é ilícito fazer ou permitir que se façam, em troca de dinheiro, experiências arriscadas em si mesmo.

A Instrução *Donum vitae* reafirma igualmente a subordinação da ciência à consciência moral, a fim de que o saber científico contribua para o engrandecimento do homem e a glória do seu Criador, e não se volte contra o homem. Cabe ao Estado, neste campo, tutelar — proteger — tanto a dignidade do homem como os direitos de Deus. A ciência e a técnica estão a serviço da pessoa humana e não constituem valores absolutos, mas valores subordinados às normas da Ética e aos direitos inalienáveis da pessoa humana[74].

Evidentemente, a Medicina não é Matemática, e podem ocorrer imprevistos, reações atípicas etc., que não é possível prever por antecipação ou evitar, e que não são resultado da imprudência, imperícia ou negligência do pesquisador. Não se pode, por isso mesmo, usar um critério excessivamente estreito, que torne impossível toda e qualquer pesquisa — desde que, isto sim, se permaneça dentro dos limites que acabamos de recordar.

Experiências com embriões

Um caso especial dentro do tema das experiências *in anima nobili* é o da experimentação com embriões humanos, que é prática corrente em diversos países. Ora bem, já sabemos, como repisa a *Donum vitae*, que «a partir do momento em que o óvulo é fecundado, inaugura-se uma nova vida, que não é a do pai nem a da mãe, e sim a de um novo ser humano»[75]. Portanto, essa manipulação não se diferencia em nada daquela que se pratica em seres humanos adultos; mais ainda, é agravada pela particular vulnerabilidade do feto, completamente desprovido de meios de defesa.

Pela sua condição de ser humano desde o começo da concepção, *o embrião não pode ser objeto de experimentação, nem sequer até o 14º dia da sua existência,* como pretendem alguns. Qualquer experimentação não diretamente terapêutica (ou diagnóstica) com embriões vivos é, em decorrência, absolutamente ilícita, tanto como as experiências do dr. Mengele. E o mesmo se deve dizer da prática de manter embriões vivos para fins experimentais ou comerciais.

A Instrução *Donum vitae* insiste: «Nenhuma finalidade, ainda que nobre em si mesma, como a previsão de utilidade para a ciência, para outros seres humanos ou para a sociedade, pode, de modo algum, justificar a experimentação em embriões ou fetos humanos vivos, viáveis ou não, no seio materno ou fora dele [...]. Usar os embriões humanos ou fetos como objeto ou instrumento de experimentação representa um delito contra a sua dignidade de ser humano que tem direito ao mesmo respeito devido à criança já nascida e a toda a pessoa humana»[76].

Se é imoral obter embriões mediante fecundação *in vitro* para qualquer finalidade, mesmo para dar filhos a um casal estéril, a gravidade é ainda maior quando isso se faz para obter material de pesquisa. E a tentação de fazê-lo é forte por diversos motivos. Um deles é de ordem científica, uma vez que os resultados obtidos em animais, mesmo próximos do homem, nunca são exatamente os mesmos que se obtêm com os pacientes humanos (embora geralmente sejam suficientemente semelhantes para que se possa fazer previsões seguras). E há sobretudo razões de ordem econômica, pois embriões de seres cuja biologia é próxima da do homem, como o orangotango, o chimpanzé e outros primatas, custam muito mais caro do que um feto humano, que muitas vezes não custa nada por ser um «subproduto descartável» da técnica de fertilização.

O simples congelamento de embriões constitui também uma ofensa gravíssima à sua dignidade de seres humanos, porque os expõe precisamente à manipulação experimental, se não à destruição, como vimos.

Por isso, insistimos com a *Donum vitae:* também «os embriões humanos obtidos *in vitro* são seres humanos e sujeitos de direito: a sua dignidade e o seu direito à vida devem ser respeitados desde o primeiro momento da sua existência. É imoral produzir embriões humanos destinados a serem usados como material disponível»[77].

Nesta matéria passamos, infelizmente, do plano das hipóteses acadêmicas para o pleno reino do horror: usam-se embriões para confeccionar cosméticos pretensamente «rejuvenecedores», implantam-se embriões humanos no útero de animais, tenta-se fecundar óvulos de animais com espermatozoides humanos[78]... Diante desse panorama, é bom saber que o Parlamento Europeu proibiu ao menos:

1. *O comércio de embriões e fetos humanos,* bem como o seu uso com fins industriais...

2. *A criação de seres humanos idênticos por clonagem,* com fins de seleção racial ou por outros motivos.

3. *A implantação de embriões humanos em úteros de animais, ou de animais em úteros humanos.*

4. *A fusão de gametas humanos com as de outras espécies animais.*

5. *A produção de seres humanos em laboratório*[79].

São medidas louváveis, mas insuficientes, se não se combatem ao mesmo tempo as práticas que preparam o terreno para esses abusos: o aborto e a fecundação *in vitro*.

Por outro lado, a Instrução *Donum vitae* afirma que as intervenções terapêuticas nos embriões humanos, mesmo as que ainda se têm de fazer experimentalmente, são lícitas se respeitam a vida e a integridade do embrião, se não comportam para ele riscos desproporcionados e são orientadas para a sua cura, para a melhora das suas condições de saúde ou para a sua sobrevivência individual. Os pais devem dar o seu consentimento para que possam efetuar-se tais intervenções, de modo livre e estando bem informados.

Eis as palavras textuais: «No caso da experimentação claramente terapêutica, isto é, desde que se trate de terapias experimentais empregadas em benefício do próprio embrião com o fim de salvar-lhe a vida em uma tentativa extrema e na falta de outras terapias válidas, pode ser lícito o recurso a remédios ou procedimentos ainda não plenamente convalidados»[80].

Engenharia genética

O genoma humano

A chamada «engenharia genética» é uma parte da ciência da genética que usa alguns procedimentos técnicos destinados a transferir para as células de um organismo determinadas informações genéticas que, de outro modo, elas não poderiam ter[81]. São informações que procedem de uma fonte diferente da carga genética da célula onde se introduzem, e que são responsáveis por novas características na célula ou no indivíduo receptor.

Para os efeitos que aqui nos interessam, basta imaginarmos o DNA — o ácido desoxirribonucleico, o «portador da mensagem genética» — como uma longa fita em que estão «escritas», em letras químicas, as nossas características (por exemplo, cabelo claro ou escuro, encaracolado ou liso, tendência à calvície, altura maior ou menor, até mais ou menos tendência à introspecção etc.). Uma frase completa («Fulano de Tal ficará careca por volta dos quarenta anos», por exemplo) corresponde a um *gene*; e sobre a fita do DNA, há uma longa série de frases encadeadas (*genes*), embora não necessariamente relacionadas umas com as outras. Cada célula humana dispõe de 23 pares de fitas dessas, a que se dá o nome de *cromossomos*.

O conjunto total da informação contida nos cromossomos de uma célula humana recebe o nome de *genoma.* A quantidade de informação armazenada no genoma e «codificada» pelo DNA humano é impressionante; só para transcrever os nossos cromossomos, seria preciso redigir 3 mil volumes de mil páginas cada.

Pois bem, valendo-nos ainda dessa imagem, a engenharia genética compreende o conjunto das técnicas que permitem recortar os cromossomos — as «fitas» de DNA — em pontos previamente estabelecidos, de forma a isolar apenas determinados *genes*, determinadas «frases», transferi-los para outro organismo e inseri-los no DNA do receptor.

Esta técnica nasceu quando se descobriram enzimas capazes de reconhecer certos pontos nas longas moléculas de DNA e quebrá-las precisamente ali; assim se tornou possível isolar os genes a fim de introduzi-los de maneira dirigida no DNA de outra célula ou organismo. Atualmente, conhecem-se centenas dessas *enzimas-alicate.* Foram elas que permitiram os principais avanços no estudo do código genético de alguns organismos, desde o de algumas bactérias até o de mamíferos, bem como o do homem.

Pouco a pouco, vem-se conseguindo decifrar a sequência das «letras» que compõem os genes no DNA. Isso permite conhecer melhor por que ocorrem genes variantes (os chamados *alelos)*, quais são essas variações, e como se pode corrigi-las. Assim se conseguiu determinar, por exemplo, que o gene que controla a produção de insulina no corpo humano se encontra localizado no cromossomo 11, qual a sequência correta das suas «letras» (numa pessoa que produz insulina normalmente), e quais as sequências erradas (que tornam uma pessoa incapaz de produzir insulina, gerando a diabetes hereditária). Ou que o cromossomo 4 contém um gene que, quando avariado, dá lugar à doença conhecida com o nome de «coreia de Huntington», causada pela degeneração de núcleos importantes do cérebro, com um comprometimento progressivo da atividade neuromuscular e da capacidade mental[82].

O projeto mais ambicioso ora em andamento é chegar a conhecer todo o código genético humano, bem como as suas alterações, que são responsáveis por mais de quatro mil doenças hereditárias. É o Projeto Genoma, que se pretende terminar por volta do ano 2005. Até 1997, já tinham sido identificados 16 mil dos cerca de 100 mil genes que compõem o genoma humano. Conhecê-lo por completo significa poder, num futuro não muito longínquo, prevenir e talvez curar as doenças hereditárias responsáveis por aproximadamente 30% dos óbitos infantis, em países do primeiro mundo[83].

A «engenharia» propriamente dita

A segunda grande descoberta que deu origem à engenharia genética foi a da *recombinação gênica*.

Verificou-se que o DNA de muitos vírus é capaz de integrar-se total ou parcialmente no DNA da célula que invade, mudando a sua constituição genética e as suas características (a célula hospedeira pode, por exemplo, passar a reproduzir-se sem controle, dando origem a um tumor). Utilizando essa capacidade do DNA viral, é possível integrar genes recortados pelas *enzimas-alicate* nos cromossomos que se deseja modificar, obtendo-se um «DNA recombinante» ou «transgênico».

Na recombinação gênica ocorre, pois um intercâmbio de segmentos de cromossomos: «cortam-se» um ou mais genes de um cromossomo e «colam-se» esses genes no cromossomo de outra célula. Se o gene introduzido ficar bem colocado, tornar-se-á «funcional», isto é, comandará uma nova atividade na célula hospedeira.

Desta forma, conseguiram-se já avanços médicos importantes. Hoje é normal, por exemplo, usar bactérias munidas dos genes humanos responsáveis pela produção de insulina, ou do hormônio de crescimento, ou dos fatores de coagulação do sangue (que faltam nos hemofílicos), para produzir essas substâncias em grande escala. Produz-se também interferon humano, uma proteína capaz de elevar as defesas imunológicas do organismo, bem como diversas vacinas e outros compostos, usados por exemplo no diagnóstico do HIV-2.

Se essa manipulação tiver sido feita nos gametas ou no zigoto de um animal superior, todas as células do indivíduo resultante apresentarão, via de regra, o DNA transgênico[84]. Por meio deste procedimento, já se conseguiram, por exemplo, ratos dotados dos genes reguladores do tamanho «doados» por um animal de porte bem maior, e que efetivamente apresentavam ao crescer um tamanho bem superior ao dos seus progenitores.

Em princípio, todas as manipulações gênicas feitas em micro-organismos, plantas ou animais não apresentam problemas éticos especiais, desde que se realizem com finalidades claramente benéficas para o ser humano, como proporcionar maior quantidade de alimento, substâncias úteis, órgãos adequados ao transplante etc., e se tomem as medidas de prudência necessárias.

O grande campo em que a engenharia genética levanta problemas morais encontra-se, como é evidente, na medicina. Também aqui os avanços propiciados por essas novas técnicas têm sido, na sua imensa maioria, positivos: permitiram conhecer os mecanismos biológicos que dão origem a inúmeras doenças hereditárias — entre eles, mais de cinquenta responsáveis pelo aparecimento de tumores (oncogenes) — e permitem já prever ou até realizar uma terapia genética para elas. Permitem, além disso, identificar pessoas *portadoras* de genes patológicos que não se manifestam sob a forma de doença, e esse conhecimento pode por sua vez permitir uma correção precoce, evitando-se que o gene deficiente seja transmitido aos filhos.

A *geneterapia*, como se vem chamando a essa área da medicina, visa curar as doenças de origem genética usando diversas técnicas, como substituir o gene avariado por outro normal, ou ao menos as células doentes por normais. Encontra-se ainda nos primeiros passos, mas mostra-se bastante promissora pela rapidez com que a engenharia genética avança. Apresenta a grande vantagem de ser um tipo de tratamento causal, isto é, que ataca diretamente a raiz do mal, e de permitir que se alivie o grave problema da transmissão hereditária de doenças sem recorrer a meios brutais como a esterilização dos doentes ou portadores[85].

A diagnose pré-natal

Além de todo o bem que já se vislumbra, a engenharia genética também abre possibilidades negativas, se a tecnologia for mal aplicada. É necessário, pois, avaliar a sua qualidade moral em relação com o bem integral do homem. O ponto mais candente no momento é o da *diagnose genética no homem*. Para examinarmos esta questão com maior clareza, convém distinguir entre o diagnóstico pré-natal e a diagnose genética em adolescentes e adultos.

A *diagnose pré-natal* de doenças congênitas constitui parte importante da Medicina Preventiva. Pode usar-se especialmente em pessoas com risco potencial de apresentar distúrbios de caráter congênito, a fim de salvar a vida de fetos com transtornos genéticos (como seriam as aberrações cromossômicas — a falta de um pedaço num cromossomo, a presença de cromossomos a mais nas células do feto etc.). E pode permitir o tratamento precoce de diversas doenças que se manifestam já no embrião, como veremos[86].

Este tipo de diagnóstico deve visar, pois, à descoberta de distúrbios fetais, *com o fim de instaurar o tratamento oportuno em benefício do feto e, quando for o caso, da mãe.*

Pelo seu custo elevado e por uma questão de correta indicação médica, a diagnose pré-natal não pode ser feita em todos os nascituros, mas apenas nos casos em que existem antecedentes familiares que fazem prever o aparecimento de uma doença hereditária ou em pessoas que pertencem a grupos étnicos com alta incidência de uma determinada enfermidade, como a anemia falciforme (hemácias em forma de foice, com pouca capacidade de transportar oxigênio), o que ocorre em alguns grupos de raça negra.

É preciso esclarecer previamente que esse exame *não pode ser imposto ao casal* nem pelos parentes, nem pelo médico — por mais que este esteja realizando uma pesquisa de enorme transcendência para o bem da humanidade etc. —, nem pelo Estado. O casal deve ter absoluta liberdade para submeter-se ou não aos procedimentos diagnósticos, depois de ter sido claramente informado acerca de todos os aspectos e implicações desse exame, dos riscos que o feto corre, das probabilidades de alcançar a finalidade diagnóstica almejada, bem como da gravidade da doença e dos possíveis prognósticos. *São os pais que devem tomar a decisão, e não o médico geneticista,* cujo papel se restringe a informar e assessorar.

Por outro lado, vale a pena ter em conta que a diagnose pré-natal não se justifica apenas em função da possibilidade de tratar a criança que apresente alguma deficiência congênita, mas também para aliviar a ansiedade de um casal que tenha motivos para temer pela integridade física ou mental do seu nascituro. É bom lembrar aqui que, via de regra, uma dúvida positiva (com fundamento), assim como uma longa expectativa de algo temível, costumam ser mais desgastantes do ponto de vista psicológico do que uma certeza dolorosa. E não se deve esquecer que a tranquilidade da gestante é benéfica para o desenvolvimento do feto.

A primeira pergunta que se levanta é, pois, em que casos pode ser recomendada a diagnose pré-natal. Basicamente, nas seguintes situações:

1. *Quando os pais têm idade relativamente avançada,* isto é, quando a mulher tem mais de 38 anos e o marido mais de 40, situação que propicia o aparecimento de anomalias cromossômicas.

2. *Quando já tiveram um filho que apresentou distúrbios de origem genética.*

3. *Quando os pais são portadores de deficiências genéticas* de qualquer tipo, e se chega a suspeitar disso por haver antecedentes familiares da doença.

4. *Quando têm doenças hereditárias ligadas ao sexo,* isto é, apresentam algum gene avariado em um dos cromossomos determinantes do sexo (X ou Y).

5. *Quando há antecedentes de mortes fetais* múltiplas ou de um filho morto ao nascer ou pouco depois[87].

A diagnose pré-natal suscita uma segunda questão ética à hora de avaliar as técnicas usadas para fazer esse diagnóstico, uma vez que essa operação não está isenta de riscos para a integridade física do nascituro. Podemos distinguir dois casos: as técnicas *não invasivas* e as *invasivas.*

Não apresentam problemas éticos as *não invasivas,* como a ressonância magnética e a ultrassonografia, que permitem inspecionar visualmente o estado da criança, bem como as retiradas de sangue da mãe para pesquisar determinadas variáveis, ou ainda as radiografias e outros meios diagnósticos similares. Aqui os problemas são antes de ordem técnica, pois a ultrassonografia, inócua para o feto e para a mãe, não chega a detectar muitas das anomalias antes da décima oitava semana de gravidez[88], e a radiografia é ainda mais limitada, pois apenas mostra anomalias do esqueleto a partir de certa data.

Quanto às técnicas invasivas, que exigem a retirada de células do feto por meio de punções na bolsa de líquido em que ele está submerso — como a amniocentese, a fetoscopia, a placentocentese, a biópsia coriônica e outras, que seria complicado descrever tecnicamente aqui —, têm todas o inconveniente de apresentarem um risco de aborto que varia de 1% a 9% conforme o método, porque podem dar ocasião a infecções uterinas, desprendimento da placenta e outros problemas.

Levando-se em consideração estes fatores de risco, o exame só deve ser feito depois de se estudar, através de uma consulta genética, se existe realmente uma *indicação médica precisa* para realizá-lo. Em consequência, pode-se pensar em recorrer a essas técnicas:

1. *Apenas quando há justificada suspeita de graves transtornos fetais* e a probabilidade de que ocorram é elevada.

2. *Depois de esgotadas todas as outras possibilidades diagnósticas não invasivas,* como a ultrassonografia, a ressonância magnética etc.

3. *Em ordem crescente de risco,* isto é, dando preferência sempre que possível às que apresentam menor risco de aborto[89]. Uma regra simples é que *o risco de que a criança padeça de uma doença específica não pode ser menor do que os riscos gerados pela técnica usada na diagnose.*

Uma condição indispensável

Por fim, é preciso dizer que qualquer tipo de diagnose pré-natal somente é lícita se for feita com uma *intenção honesta* — a salvaguarda ou a cura da criança. A Instrução *Donum vitae* diz-nos, com efeito: «Se a diagnose pré-natal respeitar a vida e a integridade do embrião e do feto humano e for orientada para a sua salvaguarda ou para a sua cura pessoal, será moralmente lícita»[90]. *Jamais pode ser feita, porém, se houver por parte dos pais ou do médico a intenção de eliminar a criança se ela apresentar um problema congênito relevante.* Com efeito, não se trataria, neste caso, de eliminar a doença, mas de eliminar o doente, ato que não se distingue em nada — na verdade, é mais grave — do assassinato de um adulto que padeça de um defeito congênito.

De forma alguma é verdade o que dizia certa manchete de jornal, referindo-se a um dos métodos diagnósticos que mencionamos, a biópsia coriônica: «Nova técnica evita doenças genéticas desde o embrião»[91]. O engodo fica claro no corpo do artigo: «Se alguém na família teve hemofilia, podemos eliminar o embrião masculino, pois com a biópsia também se determina o sexo do embrião. Estaremos evitando a doença, difícil de ser controlada», diz o especialista entrevistado.

Ou seja, estamos precisamente diante daquilo que se vem intitulando, erroneamente, «aborto eugênico». Numa entrevista dada à revista *Veja* em setembro de 1991, o dr. Jérôme Lejeune, o médico que descobriu as causas da síndrome de Down, dizia claramente: «É preciso deixar bem claro: não existe aborto terapêutico. Uma terapia que mata 100% [dos pacientes] não é uma terapia. O aborto terapêutico deveria ser chamado de "aborto de conveniência". Eu lhe daria até um outro nome: aborto racista. [...] Sugerir que se elimine este ou aquele ser humano porque possui esta ou aquela anomalia é um comportamento racista»[92].

A *Donum vitae* está, pois, inteiramente de acordo com o reto sentir médico quando insiste: «O diagnóstico pré-natal está gravemente em contradição com a lei moral quando se contempla a eventualidade, dependendo dos resultados, de provocar um aborto: um diagnóstico que ateste a existência de uma deformação ou de uma doença hereditária não pode equivaler a uma sentença de morte. Por conseguinte, a mulher que solicitasse o diagnóstico com a intenção de realizar o aborto caso o resultado confirmasse a existência de uma deformação ou anomalia, cometeria uma ação gravemente ilícita. Agiriam igualmente de modo contrário à moral o cônjuge, os parentes ou quaisquer outras pessoas que aconselhassem ou impusessem o diagnóstico à gestante, com a mesma intenção de chegar eventualmente ao aborto. Seria também responsável por colaboração ilícita o especialista que, ao efetuar o diagnóstico e ao comunicar o seu resultado, contribuísse voluntariamente para estabelecer ou favorecer o nexo entre diagnóstico pré-natal e aborto»[93].

Na entrevista a que acabamos de referir-nos, Lejeune respondia assim à pergunta contundente que lhe formularam sobre «o que faria se a sua mulher estivesse esperando um filho com síndrome de Down»: «É claro que jamais pensaria em aborto. Dedico a minha vida a cuidar das crianças, dos jovens e dos adultos portadores da síndrome de Down. Quero-os vivos, muito vivos. Faria o possível para ajudar o meu filho a saber caminhar sozinho no mundo que o cerca»[94].

Por mais dolorosa que possa ser a opção, por exemplo no caso de anencefalia da criança, falta de desenvolvimento dos rins e outros defeitos que a levarão ineludivelmente à morte, sempre é preciso deixar que os acontecimentos fluam por si, excluindo totalmente a interrupção da gravidez sob pretexto de evitar à mãe um choque psicológico diante do nascimento de um feto deformado. Ao trauma já sofrido pela mãe ao saber da doença da criança, só se acrescentaria o trauma pós-aborto, bem conhecido dos médicos, e que deixa graves sequelas na personalidade da mãe. Não se corrige, repetimos, um mal com outro mal: Já sabemos que nunca é lícito tirar diretamente a vida a um ser humano inocente, por mais que se tenha a certeza de que não poderá viver mais do que alguns meses, dias ou horas.

Em janeiro de 98, a imprensa italiana noticiava o nascimento de uma criança anencefálica, Gabriele. «Quando o primeiro médico me falou da grave anomalia de Gabriele» — dizia Sandra, a mãe —, «não tive a menor dúvida. Porque o Senhor não permite a ninguém negar a vida a uma das suas criaturas. [...] Basta-nos ter Gabriele conosco enquanto Deus assim o dispuser. Cada novo instante, consideramo-lo como um presente; e se além disso for possível ajudar outras crianças que sofrem [por meio de transplantes, depois da morte da nascitura], nós o faremos de bom grado. A morte é o destino de todos nós, e a nossa filha haverá de conhecê-la antes que os outros. Diante da vida eterna, isso não significa nada».

E o pai acrescentava: «De todas as formas, estamos contentes, porque ao menos teremos um lugar onde chorar a nossa filha. Se Sandra tivesse abortado, esse lugar não teria existido». Por fim, é também muito significativo o testemunho do médico Lui Odasso, que acompanhou o nascimento: «Gabriele não é, como escreveram alguns, simples material biológico. Desde que os seus pais decidiram levar até o fim a gestação, transformou-se para nós num paciente como os outros»[95]. A nobreza desses pais fala por si.

Quando o defeito é compatível com a vida, mas se prevê que criará deficiências físicas e/ou mentais no nascituro, o motivo que se costuma usar para justificar o aborto «terapêutico» ou eugênico é que se pretende apenas «evitar futuros sofrimentos à criança». Pode haver algum tipo de sinceridade subjetiva nesse raciocínio; mas, na maior parte das vezes, se esses pais fizessem um exame de consciência mais profundo, haveriam de reconhecer honestamente que não querem tanto poupar sofrimentos — que são dolorosos, é verdade — ao filho, *mas a si mesmos*.

Na mesma entrevista já mencionada, o jornalista apresentava precisamente este argumento ao prof. Lejeune. Alicerçado na sua enorme experiência médica e humana — o descobridor da síndrome de Down conheceu, «com nome e sobrenome», mais de duas mil vítimas dessa doença —, Lejeune respondeu: «Pela minha experiência, o aborto resolve o problema dos pais, não o dos filhos. É ingênuo acreditar que os pais defendem o aborto porque o feto tem um problema irreversível. Na verdade, essas pessoas servem-se das doenças detectadas pelos modernos exames pré-natais para terem o *direito* de se verem livres de uma criança com malformação, para *não terem eles um problema.* É uma lógica curiosa. Quando eu era jovem, era moda dizer que, quem ama, castiga. Nunca acreditei nessa história. Agora, insistem numa nova tese: quem ama, mata. Jamais aceitarei isso»[96].

Todo o tipo de aborto provocado de um deficiente seria um erro médico e humano. Médico, porque toda a finalidade da profissão médica — repitamo-lo até a saciedade —, é eliminar o *sofrimento dos doentes,* não *os doentes.* Humano, porque uma deficiência física ou mental não priva o ser humano da sua dignidade e do seu direito inalienável e intangível à existência[97].

Tanto os pais como todos os que os cercam e acompanham, médicos e parentes, têm obrigação de ajudá-los a enxergar a verdade: que o sofrimento não torna impossível, de forma alguma, nem a felicidade dos pais, nem a dessa criança. Basta visitar alguma escola da APAE ou escutar o testemunho dos pais de umas crianças deficientes para ver os bens que um filho destes pode trazer a uma família.

Escutemos ainda uma vez o que diz o prof. Lejeune: «O nascimento de uma criança com problemas mentais ou físicos é uma revelação terrível. Os pais sofrem profundamente e este sofrimento pode levar a duas situações. Uma é a reaproximação do casal, que se une como nunca. A família torna-se exemplar, excepcionalmente carinhosa. Outra possibilidade é os pais não suportarem o golpe e a família se desfazer. Mas a experiência mostra que há menos divórcios nas famílias cujos filhos têm deficiências do que nas famílias com filhos normais»[98] *.

Mas é preciso ir ainda mais longe, e ajudar esses pais a ver o significado da vida humana no seu conjunto. A sua finalidade, como pais, não é dar um «animalzinho são» à terra, mas *dar filhos a Deus*, que é Pai tanto dos sãos como dos doentes e deficientes, e destes últimos se ocupa com especial carinho. Além disso, a vida não se esgota nos trinta, sessenta ou noventa anos que passamos neste mundo, mas continua no Céu e depois da ressurreição dos mortos, quando já não haverá qualquer tipo de *minusvalia* orgânica ou mental, mas apenas uma perfeição e uma felicidade impossíveis de imaginar com a nossa simples experiência terrena.

---

* Sobre este tema, vale a pena ler o testemunho de Rogelio C. Ramos, pai de uma menina com Síndrome de Down, em *Cartas que você não lerá*, Quadrante, São Paulo, 1995.

Quanto aos próprios deficientes, não faltam casos e testemunhos, de Helen Keller a Christy Brown, que demonstram com toda a clareza como é falso pensar que a vida de um deficiente não vale a pena ser vivida*. Para citar apenas um caso, vejamos como se descreve a si mesma, aos dez anos, a menina italiana Alicia Sturiale, nascida com uma atrofia muscular cervical que a deixou quase paraplégica: «Estou satisfeita com o que sou. Chamo-me Alicia e os meus parentes me chamam "cobrinha", mas não me ofendo porque estou bastante contente com o meu caráter explosivo. Sou de estatura mediana, pernas compridas, não muito gorda nem muito magra. Tenho olhos verde-escuros e expressivos, grandes; a cara levemente coberta de sardas; a boca pequena com uns dentões salientes, como os de Colmilhos Brancos [o cão-lobo protagonista do romance *White fangs*, de Jack London]. Uma coisa da qual talvez tenha vaidade demais é o meu cabelo, loiro, bem comprido e escorrido como azeite. Tenho muitas virtudes, mas admito que tenho também muitos defeitos, como o temperamento implicante [...]»[99].

Mais impressionante ainda é um relato feito pela mãe: «Depois de escutar um sacerdote que propunha a dor e o sofrimento como única via para chegar a

* A vida de Helen Keller, que ficou cega e surda em decorrência de uma doença contraída no segundo ano de vida, e se tornou depois uma escritora mundialmente famosa, é narrada na sua autobiografia *The Story of my Life*, de 1902, filmada com o título de *O milagre de Anne Sullivan* (1962); a de Christy Brown tornou-se também muito conhecida pelo filme *Meu pé esquerdo*, de 1990.

Cristo, Alicia comentou candidamente: "Então eu não posso viver a fundo o Evangelho". Olhamo-la com assombro: "Por quê?" "Porque até agora nunca sofri, tenho muita sorte". Pasmados e emocionados, lembramos-lhe que andar de cadeira de rodas e sofrer operações comportava não poucos problemas e sofrimentos. Alicia respondeu: "Não tinha pensado nisso. Pensava nos meus pais, que estão sadios; vocês não estão separados como os pais de A. e de S., que estão tristes. Temos uma casa bonita..., enfim, não temos sofrimentos desse tipo"»[100]. Penso que basta o exemplo.

Diagnose genética no adolescente e no adulto

Na medida em que se use a diagnose genética para fins de tratar ou de conhecer melhor o mecanismo fisiopatológico que origina as doenças hereditárias, nada há a objetar. Não se justifica, porém, o seu uso para outros fins, como por exemplo o interesse de uma companhia de seguros ou de assistência médica que pretenda apenas garantir-se contra o aparecimento de doenças graves ou fatais nas primeiras décadas da vida.

No que diz respeito aos testes genéticos necessários em Medicina Legal, Criminalística etc., por exemplo para identificar um criminoso, são eticamente lícitos quando visam esclarecer a verdade e quando se respeitam, em todos os demais aspectos, os direitos daquele que é submetido aos testes, mesmo que não dê o seu consentimento. Da mesma forma, os testes destinados a elucidar a paternidade, quando pedidos pela autoridade competente para fazer justiça ou quando realizados livremente pelo interessado, também não apresentam problemas do ponto de vista da Ética.

É igualmente lícita a diagnose genética para definir o sexo cromossômico quando ocorrem anomalias sexuais ou síndromes de intersexualidade, e se tem em vista elucidar o tipo de síndrome para decidir sobre a validade de um matrimônio contraído ou sobre o melhor caminho a seguir para estabelecer um tratamento eticamente lícito, quando isso for possível.

Quando há suspeita de que um indivíduo possa ser portador de fatores patogênicos hereditários, é lícita a diagnose genética para que o interessado possa conhecer os riscos de transmitir genes avariados no caso de ter prole. Mas *não se pode impedir que os portadores de uma carga genética patogênica contraiam matrimônio,* se reunirem as demais condições para constituir uma família (plena consciência do compromisso que estão assumindo, potência para realizar o ato conjugal etc.); este aspecto, de Lei Natural, é expressamente mencionado também pelo Código de Direito Canônico (n. 1058). E é igualmente ilícita, como veremos, a esterilização, mesmo voluntária, dos portadores de deficiências genéticas.

Terapia genética

A terapia genética visa curar ou, pelo menos, diminuir os distúrbios que surgem em consequência de algum problema no código genético do indivíduo. Podem incluir-se também neste item as substâncias de valor terapêutico obtidas em organismos transgênicos, que já mencionamos — insulina, fatores de coagulação sanguínea, interferon etc. A este respeito, é interessante acrescentar que a empresa de biotecnologia PPL Therapeutics, de Edinburgo — a mesma que, em colaboração com o Instituto Roslin, criou a famosa ovelha clonada Dolly — vem produzindo já há algum tempo ovelhas e vacas transgênicas, capazes de produzir proteínas humanas para o tratamento de doenças.

Polly — ao contrário de Dolly, cujo genoma é exatamente igual ao da ovelha que forneceu o núcleo para o zigoto que lhe deu origem —, é transgênica, pois no patrimônio genético que herdou dos seus antepassados introduziu-se material genético humano, capaz de comandar a produção de uma determinada proteína de valor terapêutico. Descende de Tracy, a primeira transgênica deste tipo, «fabricada» em 1992. Espera-se que seja, num prazo relativamente breve, a precursora de um rebanho capaz de produzir leite contendo proteínas valiosas para o tratamento de doenças humanas como a hemofilia, a osteoporose etc.

E como foi que Polly surgiu? Introduziu-se no núcleo de uma célula embrionária de ovelha um pedaço de DNA humano com os genes que comandam a produção da proteína desejada. Este núcleo transgênico foi depois introduzido no óvulo desnucleado de outra ovelha. Mediante uma técnica apropriada, conseguiu-se que o óvulo com esse núcleo novo começasse a reproduzir-se, como se tivesse sido fecundado por um espermatozoide. O embrião assim formado foi transferido para o útero preparado de uma terceira ovelha, onde se desenvolveu até nascer. No momento em que este novo ser se tornar adulto e produzir leite, espera-se que o leite tenha a proteína terapêutica[101].

Como vimos, este tipo de manipulação genética, no que diz respeito a animais domésticos, é perfeitamente admissível. Mesmo a transferência de porções de DNA humano para animais não dá origem a qualquer tipo de problema ético, uma vez que esse procedimento não ofende a dignidade do ser humano e pode, pelo contrário, ser extremamente benéfico para a sua saúde. Mas se deixarmos de lado as ovelhas e nos ocuparmos novamente do ser humano, ver-nos-emos mais uma vez obrigados a fazer distinções.

Em primeiro lugar, pode-se admitir que *a manipulação genética de células somáticas* (células do corpo) *humanas é lícita* sempre que vise curar uma doença do indivíduo tratado e se tomem as devidas precauções para evitar riscos na hora de introduzir no seu organismo elementos encarregados de realizar essa correção, como os vírus vetores, os retrovírus.

Tem de haver uma certeza moral de que esses vírus não afetarão de uma maneira desproporcionada a saúde do paciente, para que o remédio não seja pior do que a doença.

O Papa João Paulo II afirmou, num discurso dirigido aos participantes da Assembleia Geral da Associação Médica Mundial, que «uma intervenção de caráter estritamente terapêutico, que se proponha unicamente curar as diversas doenças, como as que se devem a defeitos cromossômicos, via de regra deve ser considerada *desejável*, desde que tenda a aumentar o bem-estar pessoal do indivíduo, sem prejudicar a sua integridade ou piorar as suas condições de vida»[102]. Até aqui, estamos todos de acordo.

O primeiro problema levanta-se no momento em que se torna possível *a manipulação genética de células germinativas*. Neste caso, a intervenção consiste em agir sobre o óvulo ou o espermatozoide para corrigir alguma anomalia genética presente neles. As mudanças provocadas nestas células, tanto para bem como para mal, afetarão o indivíduo resultante dessas células e podem transmitir-se à sua descendência.

Esta manipulação apresenta, em primeiro lugar, os mesmos inconvenientes éticos que apontamos ao estudar a fecundação *in vitro*. Além disso, apresenta o inconveniente de que não se tem suficiente controle sobre o material genético introduzido e os seus efeitos no receptor; há sempre um risco sério de se introduzirem ou criarem novas anomalias hereditárias ou cancerígenas. No estado atual da ciência médica, a Associação Médica Mundial considera a manipulação genética em células germinais como «privada de indicações médicas e de justificações éticas»[103], ou seja, não se pode recomendá-la em nenhum caso.

A seguir, é preciso examinar a *terapia genética com embriões,* que começa a entrar no horizonte das possibilidades técnicas. A finalidade dessa terapia seria produzir alterações genéticas em embriões e fetos, a fim de corrigir as doenças hereditárias com a máxima precocidade. Em tese, poderia aplicar-se nas mesmas condições em que se pode usar licitamente a diagnose pré-natal invasiva. Na prática, porém, o método ainda não está suficientemente aperfeiçoado e os riscos para a integridade física e genética do embrião são ainda consideráveis. Por isso, só é lícito recorrer a este tipo de terapia quando exista fundada esperança de êxito e seja *o único meio de salvar a vida ou a integridade física e/ou psíquica do nascituro.* A *Donum vitae* confirma este critério: «A investigação médica deve abster-se de intervenções em embriões vivos, se não houver a certeza moral de não causar dano à vida nem à integridade do nascituro»[104].

Um pouco diferente da terapia genética propriamente dita é a *terapia normal em embriões,* implantada no feto em consequência de um diagnóstico pré-natal de caráter genético ou não, mas que usa meios terapêuticos habituais como remédios, dietas adequadas etc.* Um tratamento precoce instalado na gestante, no feto ou no recém-nascido pode levar a resultados altamente positivos. «Quando se detecta uma anomalia no diagnóstico, é preciso lembrar que muitas dessas malformações podem ser curadas através de um tratamento neonatal precoce, que, precisamente, graças ao diagnóstico pré-natal, pode ser previsto e levar-se a cabo em melhores condições»[105].

Do ponto de vista ético, portanto, a terapia precoce deve basear-se em dois princípios básicos:

1. *Que exista uma esperança razoável de que,* após o tratamento, *a criança nasça sadia* ou pelo menos sensivelmente beneficiada.

2. *Que o feto seja mais favorecido pela terapia precoce do que pelo tratamento instaurado depois do parto*[106].

A *Donum vitae,* referindo-se à licitude ou não das intervenções terapêuticas no embrião humano, afirma: «Devem ser consideradas lícitas as intervenções no embrião humano, com a condição de

* Pode-se, por exemplo, tratar a síndrome adrenogenital, causada por deficiência de uma substância chamada 21-hidroxilase, aplicando-se periodicamente cortisona ao feto de sexo feminino, evitando-se assim a masculinização da genitália externa do mesmo. Outro caso semelhante dá-se em gestantes com transtornos na taxa de fenilcetonúria, uma substância que aparece normalmente no sangue e na urina, mas que pode aparecer em concentrações acima do normal em consequência de um transtorno genético de caráter recessivo (ou seja, só se manifesta em pessoas que são homozigotas para este distúrbio). Nestes casos, a fenil-cetonúria causa transtornos fetais graves, como retardamento mental, defeitos congênitos no coração etc.; mas uma vez detectada, resolve-se facilmente, com uma dieta adequada por parte primeiro da gestante e, depois do parto, da criança.

que respeitem a vida e a integridade do embrião, não comportem para ele riscos desproporcionados e sejam orientadas para a sua cura, para a melhora das suas condições de saúde ou para a sua sobrevivência individual»[107]. E, por fim, este documento lembra também a necessidade do consentimento livre e informado dos pais.

Aconselhamento genético?

O aconselhamento genético, praticado já em muitas clínicas universitárias e particulares, tem por finalidade instruir os pais sobre os possíveis riscos que podem advir da concepção de um futuro filho, para que possam decidir com prudência se é ou não conveniente ter esse ou esses filhos; e, se a criança já foi concebida, ajudá-los com o diagnóstico e com o tratamento dos eventuais transtornos genéticos[108].

Os meios diagnósticos e terapêuticos do feto já foram descritos acima, quando falamos do diagnóstico pré-natal. O que é essencial é que o médico geneticista se limite a cumprir a sua função, que é *informar* e *assessorar* o casal, sem jamais decidir o que deve ser feito com o concepto, nem induzir o casal, com a sua maneira de expor a situação, a tomar a decisão de abortar o nascituro[109]. Pelo contrário, tem obrigação moral de expor as possíveis saídas para assegurar e melhorar a vida dessa criança na medida do possível, desaconselhando com todas as forças e argumentos um aborto, e recusando-se a praticá-lo se for solicitado a fazê-lo, como vimos.

Ao expor ou tomar consciência das possibilidades futuras, depois que já nasceu um filho com problemas hereditários, o médico ou outras pessoas que estão em posição de aconselhar os pais nunca devem enfatizar os aspectos pessimistas. Pelo contrário, muitas vezes será o caso de mostrar que as probabilidades de se terem filhos sadios, depois do nascimento de um filho com distúrbios, são muito mais numerosas do que as contrárias, pois na maior parte dos casos a probabilidade de a anomalia genética se repetir costuma ser da ordem de 2% a 10%, o que equivale a dizer que as chances de normalidade são de 90% a 98%, percentagem que fala por si[110].

Trata-se, pois, de *dizer a verdade* e de *dar uma informação exata,* para não gerar no casal o medo de ter mais filhos. Estes, pelo que vimos, provavelmente nascerão sadios e amenizarão com a sua presença a dolorosa situação psicológica dos pais, quase sempre extremamente carregada quando o único filho que têm é problemático e toda a vida familiar gira em torno do seu problema. Outros filhos normais ajudam a diluir o desgosto por terem gerado um filho deficiente, e este, além disso, poderá contar com a ajuda dos irmãos quando os pais ficarem velhos ou vierem a morrer.

Por outro lado, é preciso também lembrar que as informações chocantes sempre devem ser dadas de maneira humana, pois a competência técnica não tem por que estar dissociada das boas maneiras e da delicadeza humana. É relativamente frequente ouvir queixas de pacientes sobre a absoluta falta de amabilidade e boa educação de médicos competentes, mas muito pouco humanos, não só em consultas mal remuneradas de alguns convênios médicos, como também em consultas particulares muito bem pagas!

Tanto o aconselhamento quanto as novas possibilidades de terapia genética levantam, porém, uma outra questão: a do *eugenismo,* a ideologia que foi durante bastante tempo a «irmã menor» do nazismo e que agora ergue a cabeça em surdina. As novas possibilidades técnicas abertas pela engenharia genética e, mais concretamente, pela clonagem, correspondem precisamente ao *sonho* de todos os teóricos de gabinete que preconizam um «mundo novo» povoado por «homens novos». Os «sonhadores» desse tipo continuam a existir, e esta foi precisamente a razão que levou o prof. Jacques Testard, o arrependido pioneiro da fecundação *in vitro* na França, a solicitar ao governo a abolição total do diagnóstico genético de embriões[111].

A palavra *eugenia,* em si mesma, significa apenas «gerar bem», e neste sentido pode-se falar perfeitamente de uma «eugenia positiva», que é o conjunto de conhecimentos científicos e de medidas higiênicas e sanitárias que ajudam a gerar filhos sadios[112], e de uma «eugenia negativa», que visa *prevenir* o nascimento de seres humanos com um genoma alterado, causador de deficiências físicas (como a hemofilia, o daltonismo, a enfermidade de Duchenne) ou psíquicas (pensa-se hoje que a esquizofrenia e o transtorno bipolar — a antiga PMD, psicose maníaco-depressiva —, e ainda alguns tipos de epilepsia têm muito a ver com a hereditariedade), bem como *evitar a transmissão* de doenças hereditárias.

Do ponto de vista ético, as medidas preconizadas pela chamada «eugenia positiva», como o acompanhamento pré-natal, o parto feito em boas condições de higiene por pessoal devidamente qualificado, uma dieta adequada para a mãe durante a gestação, a amamentação materna do bebê etc., não levantam problemas de nenhum tipo. No caso da «eugenia negativa», porém, é preciso discernir cuidadosamente as medidas recomendadas e as finalidades que se buscam atingir.

Quando a finalidade é estritamente *terapêutica* — curar uma vítima de uma doença hereditária —, há uma série de tratamentos perfeitamente lícitos; devem-se aplicar aqui os critérios relativos à terapia genética, que acabamos de examinar. Quando a finalidade é *preventiva,* pode-se recorrer ao aconselhamento genético dentro das recomendações que vimos acima. Já os eugenistas costumam propugnar medidas mais agressivas e mesmo totalmente ilícitas, como a proibição do casamento, a esterilização dos portadores de genes deficientes, o aborto eugênico etc. Vale a pena aprofundar um pouco nestas medidas mais drásticas, que são as que mais problemas apresentam do ponto de vista ético.

Dentre essas medidas radicais, vem em primeiro lugar *a proibição do casamento.* Os extremistas da «eugenia a qualquer preço» defendem a necessidade de leis civis que proíbam o casamento àqueles que são portadores de taras genéticas. Ora bem, é preciso considerar aqui que o direito de qualquer pessoa hábil de contrair matrimônio (maior de idade, com uso suficiente das suas faculdades mentais para conhecer a natureza do compromisso que assume e ser capaz de ater-se a ele, e sexualmente potente), de casar-se livremente com quem quiser e de ter os filhos que quiser por meios moralmente lícitos são *direitos naturais inalienáveis do indivíduo,* que o Estado só pode proteger e tutelar, mas jamais impedir.

Portanto, *nunca é lícito proibir o casamento de duas pessoas hábeis para contrair matrimônio válido,* isto é, que não apresentam nenhum impedimento para realizar o contrato matrimonial e cumprir os seus fins. Mesmo o consenso universal que reina quanto à proibição do casamento entre parentes próximos, a fim de evitar a consanguinidade, não constitui um precedente que viole esse direito, uma vez que o amor entre irmão e irmã, ou entre outros parentes próximos, é por natureza absolutamente distinto do amor conjugal, e seria uma aberração deixar ou fomentar que se introduzisse nele um componente sexual.

Por outro lado, é preciso levar em consideração que na transmissão das doenças hereditárias intervêm diversos fatores além das leis da genética, razão pela qual é praticamente impossível fazer um prognóstico categórico de valor absoluto para o caso individual («25% dos filhos de Fulana e Fulano, ambos portadores de determinada deficiência genética, nascerão necessariamente com a doença, e 50% serão portadores»; pode muito bem dar-se o caso de que tenham doze filhos, todos absolutamente isentos do gene defeituoso). Ou seja, juízos em que intervêm determinados fatores de risco apenas provável ou possível não se podem sobrepor a um ato em si mesmo bom e emanado da soberana liberdade do ser humano.

É conveniente, sem sombra de dúvida, que marido e mulher estejam muito bem esclarecidos a respeito dos riscos a que se expõem; pode-se até *desaconselhar o casamento* ou, se o problema for descoberto depois de contraído o matrimônio, *aconselhar ao casal que evite ter filhos usando os métodos naturais*, moralmente lícitos. O que nunca se pode fazer é proibir o casamento ou os atos orientados para ter filhos, porque seria uma violação de um direito das pessoas. A decisão sobre o casamento e os filhos tem de pertencer unicamente ao casal.

Em segundo lugar, acena-se também com a *obrigatoriedade do certificado pré-matrimonial*. É sem dúvida *conveniente* que os candidatos ao matrimônio façam um exame médico abrangente e até orientado para prevenir possíveis problemas hereditários. Este exame poderia ser até obrigatório, isto é, tornar-se uma exigência legal para contrair casamento, mas com uma condição necessária: que a descoberta de uma doença transmissível, como vimos, *não se transforme num impedimento para contrair núpcias ou ter filhos.* É o caso da lei aprovada em 1995 na China, que prevê que o Estado se responsabilizará pelo atendimento pré-natal e pelos exames médicos antes do casamento, e obriga toxicômanos e portadores de doenças hereditárias, contagiosas ou mentais a adiar o casamento por tempo indefinido, além de aconselhar as mães de filhos deficientes a abortá-los[113].

Em terceiro lugar, vem uma prática que, infelizmente, continua a persistir e é denunciada de maneira crescente: *a esterilização dos deficientes e portadores de deficiências.* Poderíamos pensar que esta medida mutiladora é coisa do passado, especialmente da época do nazismo, quando se implantou a esterilização obrigatória dos portadores de doenças psiquiátricas graves. A verdade, no entanto, é que clínicas particulares e instituições públicas de diversos países europeus e dos EUA continuam hoje a praticar, mais ou menos em surdina, esse tipo de abusos, quase sempre «visando purificar a raça de genes indesejáveis».

Na Suécia, por exemplo, esterilizaram-se pelo menos 62 mil pessoas entre 1935 e 1976. Embora essas esterilizações constassem oficialmente como «voluntárias», ao examinar os depoimentos das vítimas reparou-se que não foram tão livres assim. Uma dessas vítimas, que em 1997 completou 72 anos, deu a seguinte entrevista ao jornal *Dagens Nyheter*: «Quando comecei a ir à escola, tinha problemas de vista. Não enxergava a lousa, mas também não tinha dinheiro para comprar óculos. Daí concluíram que eu tinha dificuldades para aprender e me mandaram para uma escola de excepcionais. Quando completei 17 anos, para sair desse estabelecimento, que era muito bem fechado e controlado, exigiram que eu aceitasse a esterilização. Assinei o papel, porque sabia que só assim sairia dali»[114].

Outro exemplo revelador do caráter nada voluntário de boa parte destas mutilações é o caso da belga Ingrid Butsel, que foi obrigada a submeter-se à esterilização para poder casar-se, em 1985 (bem depois da era nazista, portanto): «Disseram-me que eu era deficiente mental e não tinha condições para criar filhos; por isso, ou aceitava a esterilização, ou seria internada num hospital psiquiátrico»[115].

Outros casos citados pelo mencionado jornal sueco são estarrecedores. E tudo foi feito «legalmente», isto é, dentro da lei em vigor naquele país, estabelecida originalmente com o tríplice objetivo de impedir a degeneração da raça, proteger *(sic)* os portadores de genes alterados e... evitar dispêndios desnecessários: para que gastar dinheiro com quem é menos capaz, menos produtivo? Também nos

EUA, segundo o historiador Philip Reilly, cerca e 60 mil pessoas foram esterilizadas à força, na década de 1930. Na Dinamarca, entre 1929 e 1967, esterilizaram-se 11 mil pessoas. Na Noruega, pelo menos mil, e na Finlândia outro tanto. Segundo o Partido Verde, na Áustria são esterilizados, até hoje, 70% dos deficientes mentais.

Se a esterilização involuntária dos deficientes e portadores de doenças hereditárias é ilícita, não o é menos a esterilização voluntária. Há casais que recorrem à laqueadura ou vasectomia depois de terem um filho deficiente, com medo de voltarem a passar por essa experiência traumática, quando na verdade o risco de repetição é muito pequeno, como vimos. Não se justifica, portanto, em nenhum caso.

Por fim, haveria o tema do *aborto eugênico*. Não cabe acrescentar nada ao que já se disse acima, mas apenas recordar que são absolutamente injustas as legislações que exigem ou apenas *aconselham* esse tipo de procedimento, como é o caso da lei chinesa.

Esse tipo de aberrações é, infelizmente, mais comum do que deveria ser em países de tradição cristã. Em nenhum momento da História os deficientes puderam contar com tanto acolhimento por parte da sociedade e com tantos meios de apoio que os ajudam a suportar as dificuldades especiais a que estão sujeitos — escolas e instituições especializadas onde podem estudar e trabalhar, aparelhos, automóveis e computadores especialmente adaptados, tratamentos médicos cada vez mais acessíveis e eficazes —; e, no entanto, por um desses paradoxos tão característicos da mentalidade moderna, em nenhum outro momento da História foram tão temidos e evitados.

Tem-se dito com frequência que a ideologia do *eugenismo* equivale a um «racismo genético». Com efeito, não faltam ONGs herdeiras da antiga Sociedade Eugênica de Londres que defendem a esterilização em massa e o aborto por livre petição da gestante, com claros intuitos eugênicos, embora acobertados sob a cortina de fumaça da tão temida «explosão demográfica». Também os Serviços de Saúde Pública de muitos países e dos organismos da Organização das Nações Unidas estão infestados de gente imbuída dessa mentalidade, que se volta de maneira indiscriminada contra os pobres e as populações não brancas do Terceiro Mundo.

A queda na taxa de natalidade em muitos desses países, entre eles o Brasil (em dez anos caímos de 2,2% para 1,6%), demonstra como tem sido eficaz a ação desses «herdeiros do nazismo», e faz temer não já o velho fantasma da explosão, mas, ao contrário, o da implosão demográfica. Um pouco por toda a parte, começam a levantar-se vozes que predizem para um futuro não muito remoto, não só na Europa, mas em boa parte do mundo ocidental, um «bando de velhos no meio de ruínas». Para o ano dois mil, esperava-se que a população brasileira fosse de 200 milhões, quando na realidade chegaremos a apenas

160 milhões; onde estão os quarenta milhões de brasileiros que faltam?

Já não é segredo que alguns países ricos, para se defenderem da «invasão pacífica» e por vezes ilegal por parte dos seus vizinhos pobres, preferem gastar o dinheiro destinado à ajuda externa financiando campanhas de esterilização em massa, muitas vezes sem conhecimento e, consequentemente, sem o consentimento dos interessados. Além do recentemente divulgado e já bem conhecido «Relatório Kissinger», que recomendava o controle da natalidade nos países africanos, asiáticos e latino-americanos por motivos de segurança nacional, são muito expressivas as palavras do presidente dos EUA Lindon Johnson aos delegados da ONU, em junho de 1965: «Procedam levando em consideração que 5 dólares investidos na tarefa de limitar a população valem tanto como 100 dólares destinados ao progresso econômico»[116].

Não se trata, como é evidente, de estimular animosidades raciais ou internacionais. Trata-se, isso sim, de que a opinião pública tome consciência desses abusos e, de maneira positiva, pressione os legisladores para que se retifiquem os abusos legislativos que permitem semelhante situação, e os executores do poder público para que não fechem os olhos de maneira cúmplice a essas barbaridades, que nascem do orgulho de uns poucos, mas vão adiante graças à covardia de muitos.

Por isso, João Paulo II não cessou de recordar que, uma vez que «a natureza biológica de cada homem é inviolável, enquanto é constitutiva da identidade pessoal do indivíduo em todo o curso da sua história», sempre são totalmente inadmissíveis quaisquer «manipulações que procurem modificar o patrimônio genético e criar grupos de homens distintos, com risco de provocar na sociedade novas discriminações»[117]. E a Instrução *Donum vitae* afirma explicitamente: «Algumas tentativas de intervenção no patrimônio cromossômico ou genético não são terapêuticas, mas visam a produção de seres humanos selecionados segundo o sexo e outras qualidades preestabelecidas. Estas manipulações são contrárias à dignidade pessoal do ser humano, à sua integridade e à sua identidade»[118].

A modo de resumo

Do que vimos acerca da engenharia genética, podemos tirar as seguintes balizas bioéticas, à maneira de resumo:

1. *A dignidade humana deve ser respeitada, tanto na fase embrionária ou fetal, como posteriormente.* Em qualquer etapa do seu desenvolvimento estamos diante de uma pessoa humana, sujeito de direitos invioláveis. As intervenções genéticas no mesmo são lícitas apenas quando visam o benefício *do indivíduo* no qual se realiza a intervenção[119].

2. *Não é lícito alterar o patrimônio genético normal do homem.* Mas é lícito intervir no seu patrimônio

genético *defeituoso* quando se pretende obter um resultado terapêutico *em benefício do próprio indivíduo*, desde que exista o consentimento do mesmo ou dos seus representantes legais.

3. *Devemos repudiar qualquer discriminação de indivíduos portadores de um patrimônio genético defeituoso*. Consequentemente, precisamos acolher nascituros com defeitos genéticos em lugar de destruí-los através do aborto provocado. É igualmente ilícito qualquer uso de mapas genéticos para discriminar os trabalhadores, ou para impedir o matrimônio àqueles que preenchem os demais requisitos para o mesmo, ou para esterilizar os deficientes e portadores de deficiências.

A clonagem

Os diversos tipos de clonagem

A questão da clonagem vem excitando a imaginação do grande público há mais de um quarto de século. Não faltam reportagens sensacionalistas, romances ou filmes de ficção científica sobre o assunto. «Em muitos países, a clonagem vem sendo empregada em grande escala, com fins comerciais, desde a década de 60», afirmava já nos idos de 78, com absoluta segurança, certo jornal[120], numa altura em que mal se iniciavam as primeiras experiências de clonagem com embriões de sapos...

A primeira notícia sobre a clonagem bem-sucedida de um mamífero, no caso um rato, foi publicada em 1988 na revista científica *Cell,* do MIT (Instituto de Tecnologia de Massachusetts) por Karl Illmensee e Peter Hoppe. O procedimento consistiu em extrair o núcleo de uma célula embrionária de uma rata cinzenta e introduzi-lo numa célula-ovo previamente desnucleada de uma rata preta. Este zigoto modificado desenvolveu-se durante quatro dias *in vitro* antes de ser transferido para o útero de uma rata branca, que deu à luz três ratinhos cinzentos, geneticamente iguais ao embrião que havia «doado» o núcleo[121].

Até o aparecimento de Dolly, porém, ainda não se tinha conseguido obter a clonagem usando um núcleo proveniente de células somáticas adultas ou, como se diz em Biologia, «diferenciadas» (células da pele, dos músculos, do cérebro etc.). Não havia a certeza de que as células diferenciadas do organismo adulto dos animais superiores retivessem a capacidade de exprimir a totalidade da informação genética que caracteriza o indivíduo, ou seja, que fossem «totipotentes». Só se conseguia fazer clonagem usando o núcleo de uma célula embrionária indiferenciada, portanto de um organismo que estivesse nas primeiras fases do seu desenvolvimento, e não de um organismo adulto. Por esta razão, muitos cientistas consideravam a experiência de Illmensee e Hoppe mais um transplante de núcleo do que uma verdadeira clonagem, pois entendiam que esta deveria consistir na reprodução de um organismo completo a partir do núcleo de qualquer célula somática.

Hoje, todos sabem que Ian Wilmut, um pesquisador escocês de 52 anos, embriologista do Instituto Roslin, conseguiu o que muitos pensavam ser impossível: uma cópia idêntica de um mamífero adulto produzida artificialmente e de uma forma assexuada, sem participação do gameta masculino ou espermatozoide. O núcleo colocado no óvulo desnucleado foi tirado da mama de uma ovelha de sete anos de idade. Wilmut, depois de colocar o núcleo no óvulo não fecundado de outra ovelha, aplicou um pequeno choque elétrico para reativar a nova célula, composta artificialmente, e esta começou a dividir-se. Depois transferiu a célula em divisão para o útero de uma terceira ovelha, onde se processou a gestação de Dolly, que nasceu com as características da ovelha doadora do núcleo.

Como o procedimento usado por Wilmut e colaboradores difere dos que já se tornaram rotina nos laboratórios de zootecnia de muitos países, entre eles o Brasil, vale a pena descrever sumariamente os diferentes tipos de clonagem, considerando este conceito em sentido amplo.

1. *Clonagem por bipartição de embriões ou fissão gemelar.* É o tipo mais simples de clonagem, e consiste em imitar a natureza quando produz gêmeos univitelinos ou idênticos, procedentes da separação espontânea de células embrionárias depois da primeira divisão do zigoto, surgindo assim dois zigotos geneticamente idênticos, que darão lugar, cada um deles, a um indivíduo completo. O pesquisador força a separação das duas células iniciais e obtém de cada uma delas um ser completo. Pode-se repetir algumas vezes a operação, obtendo-se assim vários indivíduos iguais. Isto já foi feito muitas vezes com animais, e consta que, pelo menos desde 1993, também com células embrionárias humanas que, por receio das consequências, foram destruídas nas primeiras fases do seu desenvolvimento, quando os embriões haviam atingido 32 células no seu processo de divisão contínua[122].

2. *Clonagem por transferência de núcleos.* Atualmente existem duas modalidades, conforme se use um óvulo não fecundado e desnucleado ou um zigoto (óvulo fecundado) também desnucleado:

a) *Usando uma célula-ovo.* Consegue-se a clonagem mediante a substituição do núcleo de uma célula-ovo ou simplesmente ovo (óvulo fecundado ou zigoto) pelo núcleo de uma célula somática, tirada geralmente de um embrião. Como já se disse, o indivíduo resultante possuirá as características genotípicas (características genéticas visíveis ou invisíveis) e fenotípicas (características visíveis) do indivíduo que doou o núcleo. E o caso dos ratos cinzentos aos quais nos referimos acima.

b) *Usando óvulo não fecundado.* É o caso da famosa Dolly, já descrito.

3. *Clonagem por partenogênese**. Em 1976, Schettles realizou uma tentativa de clonagem humana, colocando o núcleo de uma espermatogônia (célula precursora do espermatozoide, na espermatogênese), detentora de 46 cromossomos (o espermatozoide tem só 23), num óvulo humano desnucleado. Cultivado *in vitro,* o embrião desenvolveu-se por volta de uns

* Aqui se usa conceito de partenogênese em sentido amplo. Em sentido estrito, fala-se em partenogênese quando um óvulo é capaz de entrar em desenvolvimento, para dar lugar a um novo indivíduo, sem que o gameta masculino (espermatozoide) o tenha fecundado. É um fenômeno frequente em animais invertebrados (cf. Valdir Fernandes, *Zoologia,* EPU, São Paulo, 1981, pp. 10-15).

sete ou oito dias, momento em que o cientista o destruiu por medo do resultado final[123].

Clonagem e bioética

Quando as experiências de clonagem se restringem a seres irracionais, em princípio a Ética nada tem a objetar; só pode aplaudir os esforços dos cientistas. Os problemas éticos se apresentam quando os cientistas tentam fazer com o homem as mesmas experiências que se fazem com o gado e em outros animais. Por isso, a clonagem de Dolly gerou uma espécie de reação em cadeia em todos os países do Ocidente, que se apressaram a proibir qualquer tentativa de clonagem humana, com uma unanimidade raramente vista na História.

Esse temor não é descabido, diante dos casos que já tivemos ocasião de ver. O pesquisador americano Bruce Hilton, do National Bioethics Center, chegou a declarar: «Não duvido que a clonagem de um ser humano não esteja sendo tentada em um canto escuro de alguma universidade desconhecida»[124]. E não nos esqueçamos do pitoresco dr. Seed, que voltou à carga recentemente, afirmando que, uma vez que já não dispunha de voluntários, ao menos iria clonar-se a si mesmo[125].

Será preciso repetir? A ciência não pode estar desvinculada da consciência moral. Bem avisados andavam os cronistas humorísticos que anunciavam, como consequência dessa descoberta, um futuro em que a final da Copa do Mundo seria disputada por dois times compostos de onze Pelés cada, diante de um público composto de Einsteins, Chaplins e Greta Garbos. Brincadeiras à parte, o fato é que há quem preconize coisas ainda piores do que as previstas por Aldous Huxley, como os clones descerebrados que serviriam de «banco de órgãos» para os seus modelos, ou a realização definitiva do sonho da «produção independente» que certas feministas acalentam, dispensando definitivamente a concorrência do macho.

Assim se explica que a primeira reação à notícia da bem-sucedida pesquisa de Wilmut e seus colegas tenha sido de rejeição à clonagem humana. A Santa Sé tinha sido pioneira nesta matéria, pois já a *donum vitae* alertava em 1987 que «também as tentativas ou hipóteses destinadas a obter um ser humano sem conexão alguma com a sexualidade, mediante "fissão gemelar, clonagem ou partenogênese, devem ser consideradas contrárias à Moral por se oporem à dignidade tanto da procriação humana como da união conjugal»[126] *.

Na tempestade pós-Dolly, o Grupo Europeu de Conselheiros sobre as Implicações Éticas da Biotecnologia apressou-se a tomar uma posição contrária

* Igualmente o Brasil, à semelhança de alguns outros países, já se havia antecipado, através da Lei nº 8.974, de 1991, projeto do Vice-presidente Marco Maciel sancionado pelo presidente Fernando Henrique Cardoso. Conforme esta lei, são considerados crimes a manipulação genética de células germinativas humanas e toda a intervenção em material genético humano, exceto para tratamento de defeitos. A penalidade varia entre detenção por três meses a reclusão por até vinte anos.

à clonagem humana. Noelle Lenoir, presidente desse organismo, afirma numa entrevista concedida ao *Le Figaro:* «Se se usasse a clonagem para fabricar dois ou mais indivíduos geneticamente idênticos, o ser humano seria instrumentalizado, o que não é aceitável [...]. Em nossa opinião, a instrumentalização começa no momento em que se utiliza a técnica da clonagem de uma pessoa para satisfazer uma necessidade de ordem pessoal ou utilitária. Isto contradiz toda a concepção ocidental do Direito, que remete ao fundamento ético, isto é, ao princípio kantiano segundo o qual o homem é um fim e não pode ser considerado apenas um meio. O homem não é um objeto, é um sujeito no sentido pleno do Direito»[127].

Como sempre vem fazendo corajosamente em todos os campos, a Santa Sé exortou todos os países que ainda não possuíssem uma legislação capaz de cercear essas aberrações a criá-la quanto antes[128]. E também numerosas pessoas de projeção internacional se manifestaram a este respeito, pedindo medidas legais urgentes onde elas não existam, a fim de regulamentar este assunto. Assim, nos EUA, Carl Feldbaum, presidente da Organização da Indústria Biotecnológica, que representa 700 empresas e centros especializados neste campo, pede que a clonagem humana seja proibida por lei. Como o método seguido por Wilmut é diferente dos anteriores, em que se usavam óvulos fecundados, muitas autoridades, como o presidente francês Jacques Chirac, pediram também que se revisse a legislação vigente nos respectivos países para cobrir o novo método[129].

No entanto, essa rejeição não é tão universal como seria de desejar. Apenas 19 dos 40 membros do Parlamento Europeu subscreveram o protocolo que proibia «toda a intervenção cuja finalidade seja a de criar um ser humano geneticamente idêntico a outro ser humano, vivo ou morto». A Alemanha recusou-se a assinar porque considerava o texto vago demais, o Reino Unido por não desejar interferir na liberdade de pesquisa[130].

Como é evidente, o juízo da Ética acerca de qualquer tipo ou técnica de clonagem humana só pode ser inteiramente negativo. Afinal:

1. Viola os princípios fundamentais em que se baseiam absolutamente todos os direitos humanos: o princípio da igualdade entre os seres humanos e o princípio da não discriminação, conforme o reconheceu também uma resolução do Parlamento Europeu no dia 12 de março de 1997. O princípio de igualdade entre os seres humanos é violado na clonagem porque se cria uma dominação do homem sobre o homem, e é evidente que favorecer a reprodução de pessoas de inteligência avantajada ou de beleza e saúde incomuns é um tipo de discriminação[131].

2. Como no caso da fecundação *in vitro* e de outros temas estudados, o ser humano seria aqui tratado claramente como simples meio de satisfazer

o capricho de um parente maníaco ou a curiosidade megalomaníaca de algum cientista. A *Donum vitae* diz a este respeito: «A origem de uma pessoa humana, na realidade, é o resultado de uma doação. O concebido deverá ser fruto do amor dos seus pais. Não pode ser querido e concebido como produto de uma intervenção de técnicas médicas e biológicas: isso equivaleria a reduzi-lo a objeto de uma tecnologia científica»[132].

3. A vítima silenciosa, a criança «produzida» por esses meios artificiais, só pode vir a desenvolver-se com uma personalidade disforme, complexada, traumatizada, a ponto de sentir-se «descartável», se não uma espécie de extraterrestre.

4. A clonagem humana perverteria todas as relações fundamentais que inserem o ser humano na sociedade através da família: a filiação, o parentesco, a consanguinidade, a paternidade, a maternidade. Uma mulher clonada seria algo assim como uma irmã gêmea da «mãe», embora muito mais jovem, careceria de pai e seria «filha» do seu avô.

Numa entrevista recente, o próprio Ian Wilmut, «criador» de Dolly, pai de três filhos e bem casado com a sua mulher Vivienne há 31 anos, concorda inteiramente com essas normas de senso comum: «Não conheço nenhuma razão aceitável para justificar a clonagem de uma pessoa que já existe. Vamos pensar na seguinte hipótese: eu e a minha mulher não podemos ter filhos e decidimos fazer uma cópia de mim mesmo. Uma cópia que será quase como um irmão gêmeo meu, só que nascido em outra época. Uma pessoa que fisicamente será muito parecida comigo, mas terá outra personalidade [...], pois uma cópia nunca terá a mesma personalidade do original. Como a minha mulher iria reagir quando esse "filho" completasse dezoito anos, a idade que eu tinha quando ela me conheceu e se apaixonou por mim? Como seria a relação da mãe com o filho? Será que eu não me sentiria tentado a impor à cópia os meus próprios comportamentos?»[133].

Com efeito, a pretensão de fazer, através da clonagem, um «outro eu», um ser exatamente igual ao «original», é uma ilusão em todos os aspectos. Por um lado, a alma de uma pessoa não pode ser clonada, pois não se reduz à informação contida no DNA, mas é infundida por Deus em cada indivíduo humano. Por outro, o desenvolvimento psicológico, o ambiente que rodeia a pessoa clonada, as experiências por que passa, os conhecimentos que irá adquirir etc., hão de levá-la necessariamente a ter uma personalidade diversa da do original. Haverá, fundamentalmente, uma semelhança física e de temperamento, mas uma imensa divergência nas atitudes, modos de pensar, respostas afetivas etc., que moldam propriamente aquilo a que chamamos a personalidade de alguém; isto é, o clone humano seria, na prática, uma espécie de «sósia»[134].

«Coloque-se no papel do clone», continua Wilmut na entrevista que acabamos de mencionar. «Ele olharia para mim e veria como ficaria aos 54 anos. Careca e com uns quilinhos a mais. Poderia ser pior: imagine se uma cópia, ainda criança, vê o seu pai ou mãe morrer de uma doença genética incurável. Em todos esses casos, o sofrimento psicológico de todos os envolvidos é muito alto».

Com a experiência de quem trabalha na área científica, acrescenta: «Atualmente estou fazendo experiências para a clonagem de porcos. Acredito que a pesquisa vai durar dois anos, e até lá será preciso usar mais de mil animais nas experiências, sob a forma de embriões que serão destruídos ou morrerão devido a malformações. Seria razoável destruir um número tão grande de embriões [humanos] para obter um clone humano? Obviamente, não».

Por fim, o cientista recorda também um critério que já tivemos ocasião de apontar: «Na Europa, estamos de acordo em que o preço da clonagem é alto demais. Nos EUA, alguns cientistas pensam de forma diferente. Acham que os pais têm o direito de ter filhos da maneira que quiserem. Esses cientistas esqueceram-se de fazer a seguinte pergunta: a clonagem é do interesse da criança que irá nascer?»[135]

Como vemos, basta um pouco de bom senso para compreender as bases da bioética cristã.

Reflexões finais

Pessimismo?

Que conclusões tirar? Estaremos à beira desse futuro negro em que o Estado disporá de poderes ditatoriais sobre o genótipo dos cidadãos, que os pessimistas nos anunciam? Ou de uma era em que o bem-estar emocional virá embutido no genótipo de gametas selecionados, oferecidos em embalagens plásticas nas prateleiras do supermercado, como dizem os «cientificistas»?

Nem um nem outro. Os pessimistas costumam esquecer que os homens, mais cedo ou mais tarde, aprendem com os seus erros, desde que tenham um farol que lhes indique o caminho da volta. E esquecem também que a *natureza humana*, ao fim e ao cabo, é obra de Deus. Por mais que esteja inclinada ao mal desde o pecado de Adão, volta sempre a reerguer-se, mostrando que é mais resistente e melhor do que podíamos imaginar. «A imoralidade só atinge visos de normalidade durante um breve período de transição» — escreve Keyserling. — «Nunca, na História, conseguiu reinar por muito tempo»[136].

Já os defensores da «ciência a qualquer custo» esquecem a infinita flexibilidade do espírito humano, que encontra soluções inteiramente imprevistas e imprevisíveis onde eles só enxergavam progressos inexoráveis ou determinismos biológicos. É sempre divertido ler romances de ficção científica escritos há vinte ou trinta anos, e ver que, se esses autores acertaram em alguns aspectos técnicos, geralmente fazem rir quando oferecem soluções «científicas» para os problemas autenticamente humanos, que permanecem sempre os mesmos: o sentido da vida, da dor e da morte, o amor, o projeto pessoal de vida e de felicidade.

Podemos e devemos ter esperanças. É perfeitamente possível que os novos avanços de Medicina, como a criação de tecidos humanos e até de órgãos inteiros em laboratório, tornem dispensáveis todas as atuais questões relativas aos transplantes e à clonagem humana, e que igualmente se chegue a resolver por meios lícitos muitos casos de esterilidade. Mas, sobretudo, devemos confiar na força da verdade, que, se às vezes permanece amordaçada durante séculos inteiros, acaba sempre por se impor às consciências.

Há dois temas humanos em torno dos quais giram toda a poesia, a arte e o pensamento: o amor e o sentido da vida. Também a Moral católica, e concretamente a bioética que dela deriva, reconhecem esse seu valor central. No entramado das suas proibições, reservas e alentos encontramos a verdade plena sobre essas «raízes do mundo», que só se entendem à luz de Deus.

A defesa da vida

Antes de mais nada, recordemos que a Igreja não «defende a vida» em abstrato, mas em concreto: *cada vida.* Defende a vida de cada embrião já concebido porque reconhece nele, como em todo o ser humano, um filho de Deus, essa *imagem e semelhança* do Criador que somos cada um de nós. Não tem a vista deformada pelas paixões, embotada pelo orgulho nem entrevada pela falta de fé, e por isso enxerga além das simples aparências que levam os homens a desprezar aqueles que são «diferentes».

Desde sempre, evitou os tolos preconceitos de casta social, renda, classe, origem ou cor da pele. Reconheceu o filho de Deus por baixo das aparências de um corpo desfigurado pela doença ou pela velhice, pela sujeira e pelos trapos, e até por baixo da psique deformada do psicopata. E enxerga igualmente, por baixo da aparência informe e tão pouco humana de uma minúscula célula embrionária, o *nome de Deus,* gravado no genoma, na bioquímica do corpo, na conformação da mente e de toda a personalidade humana.

A *dignidade humana,* na qual se apoiam todos os direitos individuais, é, na realidade, o simples reconhecimento desse *status* especial de semelhança com Deus que as criaturas espirituais têm, em comparação com a natureza material. Quando se esquece a especial semelhança do homem com o seu Criador, também o conceito de dignidade se distorce e perde o sentido.

É curioso que, justamente no século em que a biologia demonstrou, sem deixar a menor fresta para a dúvida, que um ser humano novo e único está presente a partir do exato momento da fecundação, essa verdade seja desconsiderada, ocultada e até broncamente contraditada por médicos, juristas e políticos. Ao dizer que o mistério divino do homem está presente em cada embrião, formado por quaisquer gametas *in vivo* ou *in vitro*, a Igreja é hoje a única instituição que consistentemente se põe do lado da ciência para proteger esse ser humano indefeso da sanha de alguns.

Não há, na realidade, «crianças indesejadas», «embriões malformados» ou «subprodutos inevitáveis» de determinada técnica de fecundação. Há apenas filhos de Deus, queridos por Ele, mesmo que na sua origem esteja o pecado de uma ou de várias outras pessoas, mesmo que a sua vida esteja destinada a extinguir-se sem ter chegado sequer a nascer. Todo o ser humano é sempre um milagre tão grande que, diante dele, pouquíssima importância têm os erros ou maldades alheias ou as deficiências próprias.

Respeitar a vida nascente tanto como a que sofre de alguma deficiência é, além disso, uma questão de *misericórdia*, de pôr-se de coração do lado do mais fraco e necessitado, daquele que é mais facilmente oprimido, esquecido e posto de parte pelo egoísmo do mais forte. E a misericórdia é inseparável da justiça. Ao defender a vida dos mais fracos, a Igreja está defendendo toda a vida social e, portanto, a de cada um de nós.

É por isso que tem de ser absolutamente intransigente na defesa da vida, não só condenando o aborto sob qualquer pretexto e em qualquer das suas formas, como também a manipulação de embriões na fecundação *in vitro* e em outras práticas. Não se trata de frustrar as aspirações de quem quer que seja; antes pelo contrário, trata-se de poupar sofrimentos a todos os envolvidos, e em primeiro lugar às vítimas desses procedimentos. E não é preciso ser católico para percebê-lo; basta não ter perdido o senso das realidades humanas. «Para mim, não cristão» — escreve o comunista italiano Lucio Radice —, «o mérito eterno do cristianismo é o valor absoluto e absolutamente igual que reconhece a toda a vida humana»[137].

A defesa do sexo

Tudo o que vimos sobre a *defesa da vida* na Moral católica aplica-se igualmente à *defesa do sexo*. Agora que vão aparecendo com tanta crueza as consequências da «revolução sexual», salta também aos olhos quanta razão tinha a Igreja ao insistir no valor *humano* do sexo, não como mero ato animal, ao sabor do fortuito, do instintivo, do encontro de dois corpos sem alma*.

* Sobre esses temas, cf. por exemplo André Léonard, *Cristo e o nosso corpo*, 2ª ed., Quadrante, São Paulo, 2017; Cormac Burke, *Amor e casamento*, 2ª ed., Quadrante, São Paulo, 2017; Rafael Llano Cifuentes, *270 perguntas e respostas sobre sexo e amor*, 2ª ed., Quadrante, São Paulo, 2017.

Mas, se a Igreja está certa ao defender o sexo dos abusos a que está exposto, por que se opõe agora a uma técnica que permite precisamente aquilo que ela tanto recomendava: que se tivessem filhos? Por que condena a inseminação artificial e a fecundação *in vitro,* mesmo que, por hipótese, essas técnicas não implicassem nenhum aborto?

Porque, tal como a vida, também o sexo — origem dessa vida — mergulha as suas raízes numa dimensão *sagrada,* que associa o homem ao poder criador de Deus. E isto desde a origem, no plano criador de Deus, para além de todas as desfigurações que tenha sofrido pelo pecado original e depois dele.

Faz parte do plano criador que o instinto sexual seja o mais forte dos instintos humanos e que toda a vida biológica do corpo esteja de certa forma dirigida para realizá-lo. Também faz parte desse plano que o instinto, cego em si mesmo, seja assumido e elevado pelo amor afetivo, a paixão amorosa perpétua e exclusiva entre um homem e uma mulher; e que ambos, sexo e amor emocional, sejam por sua vez assumidos e elevados pelo amor racional, o querer da vontade guiada pela inteligência, que também recebe o nome de *caridade* quando é por sua vez elevado pela graça. Faz parte, igualmente, do plano de Deus que todos os três, o instinto, a paixão e o querer amorosos estejam orientados para a fecundidade, para os filhos. Todos esses aspectos são inseparáveis na sua origem e formam um todo único e harmonioso.

Um dos sintomas de determinadas doenças mentais é a *cisão da personalidade,* a divisão entre os diversos componentes da psique humana. Em certo sentido, depois do pecado original, o sexo é o principal campo onde pode ocorrer essa cisão, precisamente porque o amor desempenha um papel fundamental na vida humana e porque cada um dos seus «componentes» é uma tendência extremamente forte em si mesma. Ou seja, no homem decaído, as potências do instinto, da afetividade e da razão apresentam uma certa facilidade para «proclamarem a independência» e se «rebelarem» umas contra as outras, funcionando cada uma tresloucadamente por sua conta, mesmo que isso tenha por efeito o esquartejamento da personalidade.

É por isso que a redução do relacionamento entre homem e mulher à mera satisfação sexual é tão nociva como uma paixão amorosa cega e incontrolada, sem a abertura para a fecundidade. E a atitude de buscar um amor sem filhos é tão prejudicial como a de querer os filhos sem o amor estável, afetivo e volitivo, entre um homem e uma mulher.

Mesmo na atual condição humana, fendida pelo pecado, essas tendências conflitantes podem voltar a ser reunidas num todo harmônico, desde que haja um esforço paciente, orientado pela razão e pela vontade com a ajuda da graça de Deus. Este esforço exige tempo e um clima propício. É por isso que a Igreja vem ensinando desde sempre que o progressivo amadurecimento do sexo deve estar cercado de proteções pessoais e sociais — como as virtudes do pudor e da castidade, no plano pessoal, e, no social, um clima isento de pornografia ou erotismo — e reforçado pelo matrimônio enquanto contrato civil.

É também por isso que Cristo confiou à sua Igreja um Sacramento destinado a fortalecer e a ajudar esse amadurecimento, o *sacramento grande* do Matrimônio (Ef 5, 32). E é por isso, enfim, que a Igreja não se cansa de recordar que não se deve tentar fomentar ainda mais a já inata tendência do ser humano à cisão interior em nome de interesses meramente comerciais, políticos e — sejamos honestos — perversos e criminosos, que também existem em qualquer sociedade.

Não é outra a razão pela qual não se pode separar o «aspecto procriativo» do ato sexual do «aspecto unitivo», ou seja, conceber seres humanos fora do ato conjugal, em que culmina o amor entre marido e mulher. Todas as «manipulações técnicas» do processo gerador da vida parecem tão humanas, tão «razoáveis» e tão caritativas, uma vez que sejam factíveis do ponto de vista científico e econômico, e até opostas ao que poderíamos chamar o aspecto «irracional e anárquico» do instinto sexual e da paixão amorosa, que sempre incomodam e escandalizam os modernos racionalistas. Se conseguimos controlar a atividade cardíaca por meio de marca-passos, por que não usar provetas, úteros artificiais e coisas desse estilo para remediar uma deficiência orgânica da fecundação?

A resposta, mais uma vez, é tão cristalina que, para muitos, se torna difícil apreendê-la na sua simplicidade: é pela mesma razão pela qual a Igreja pede que a pessoa controle a atividade sexual com a vontade livre, por meio da virtude da castidade e, se necessário, da continência periódica exigida pelos métodos naturais, ao invés de tentar remediar os seus efeitos por meio de borrachinhas ou pílulas, tão mais fáceis de usar e tão mais «racionais». Para dizê-lo de outra forma, é porque o ato procriador em que culmina o amor entre marido e mulher tem de ser *um ato de duas pessoas inteiras*, alma e corpo, isto é, movido ao mesmo tempo e de maneira integrada pelo instinto, pela paixão e pela vontade livre.

No «sexo a frio» há sempre um forte elemento de egoísmo, tanto mais perigoso quanto maior é a eficácia e o raio de ação que a tecnologia lhe confere. O médico, a «mãe biológica» ou o «pai genético» sofrem de uma ilusão de poder: pensam que terão maior «controle» sobre a vida que hão de «produzir». Já não têm os filhos que Deus lhes permite ter quando Ele o quer; hão de ter somente aqueles que passarem pelo *seu* critério de qualidade. Querem dominar todo o «processo» da criação dessas crianças, com uma total desconfiança de Deus e da Providência divina. Ou seja, querem usurpar o lugar de Deus na fonte de toda a vida.

Não, certamente não é pela «tecnologia reprodutiva» nem pela contracepção que passam as soluções para os problemas que o sexo levanta. A única solução encontra-se naquela luta pessoal, paciente e aberta à graça de Deus a que nos referimos. «Sem dúvida» — dizia van der Mersch —, «é uma tarefa dura ser animal racional e dirigir o corpo por meio da alma até as profundezas do ser lá onde a vontade se insere no organismo. É preciso sofrer e sangrar para purificar e espiritualizar essas regiões entenebrecidas onde o passado da nossa espécie e de cada um deixou que se enterrassem raízes venenosas. Mas a nossa dignidade de homens e de cristãos, a dignidade dos nossos corpos, [...] tornados templos de Deus após o batismo, numa palavra, o nosso valor moral, natural e sobrenatural, custa-nos esse preço»[138].

E as vítimas?

Mas... como fica o casal que, por uma mera insuficiência orgânica da mulher ou do marido, não terá nunca a oportunidade de ter um filho a quem dar o seu amor? E a pobre mãe que terá de conviver, durante meses e meses, com a lancinante consciência de que o filho que traz dentro de si não poderá viver mais do que uns dias, ou será para sempre incapaz de ter uma vida normal?

«Ainda é compreensível» — ouve-se comentar às vezes — «que se aceitassem essas limitações quando a Medicina não era capaz de curá-las, quando *não existia* solução. Mas agora que os meios técnicos estão ao alcance da mão e o fim é claramente bom, por que não usá-los? Por que condenar essas pessoas ao sofrimento perpétuo? Não têm elas também os seus direitos?»

Antes de mais, é preciso dizer que a Igreja compreende perfeitamente o sofrimento das pessoas que passam por dramas semelhantes. Não pretende de forma alguma depreciar ou minimizar a dureza dos sofrimentos que enfrentam. Está, e estará sempre, disposta a ampará-los, compreendê-los e acolhê-los.

Gostaria de sugerir a essas pessoas, e a todos aqueles que de alguma forma se encontram em situação de ajudá-las ou aconselhá-las, algumas ideias que é preciso meditar nesses momentos. A primeira é que *apenas Deus é Senhor da vida e da morte.* Somente Ele pode decidir se alguém deve viver ou deve morrer, quando deve nascer, se lhe convém ter ou deixar de ter esta ou aquela deficiência física ou psíquica. Este é *um direito inalienável que só a Ele pertence.*

É preciso reconhecer que o Criador é o único a ter absoluto domínio sobre a nossa vida — nem mesmo nós o temos — e que tem o direito de exigir de nós uma submissão total e completa, porque nos criou. É a atitude de Jó, esmagado pela morte dos seus filhos, pelo repúdio da esposa, pela traição dos amigos, pela perda de todos os bens e, para cúmulo dos males, coberto de lepra: *O Senhor deu, o Senhor tirou; bendito seja o nome do Senhor* (Jó 1, 21). É a *aceitação,* primeiro passo para vencer toda a dor.

Estas palavras parecem duras quando há uma aparente «solução indolor», mas a aceitação dessa realidade é a única base possível para atingirmos o passo seguinte, uma *confiança filial* em Deus, na sua Sabedoria e na sua Bondade infinitas e no Amor que demonstrou por nós, morrendo na Cruz. O sofrimento intenso tem quase sempre uma dose elevada de «por que eu?», pequena pergunta que é responsável por quase toda a sua pungência e amargura, pela revolta e desespero que o acompanham. Todos somos capazes de raciocinar com clareza e serenidade diante de estatísticas e até diante das dificuldades enfrentadas por conhecidos, amigos e parentes, embora soframos com todas essas coisas; mas quando chega a nossa vez... No entanto, tudo o que era válido em se tratando dos outros, continua a ser válido no nosso caso.

É somente pela confiança no Médico divino que esse «espinho do eu» — o principal responsável pela amargura de todo o sofrimento, repitamos — pode ser extraído pouco a pouco, e com ele extinguir-se todo o potencial venenoso da dor. O sofrimento deixa de ser uma condenação, um «inferno», para se mostrar como aquilo que é: a cura, dolorosa, mas tão libertadora!, para o *mal maior* do nosso egoísmo e egocentrismo, o processo que nos abre para um amor mais autêntico, profundo e real. Ou seja, o «caminho real» da Cruz que nos conduz ao Céu.

Estas são as verdades centrais que é preciso recordar sempre, mas há ainda outras que vale a pena ter presentes. Assim, a de que simplesmente não existe um «direito» incondicional «a ser feliz», «a realizar-se», «a ter saúde» mental e orgânica seja a que custo for. Existe, sim, o direito de *buscarmos os meios* para encontrar a felicidade e a saúde, mas esse direito é *condicionado* pelo bem dos outros e pela vontade de Deus, e está necessariamente vinculado a uma dose maior ou menor de sacrifício pessoal.

As ânsias individuais de realização devem sempre estar subordinadas ao *bem do conjunto,* da sociedade. Se a base da vida social tem de ser esse amor misericordioso de que falávamos, ela implica inevitavelmente uma grande dose de sacrifício pessoal. Comenta Jacques Leclercq, professor da Universidade de Lovaina: «Esta proposição só é chocante para aqueles que se recusam a ver no amor mais do que uma questão individual. O homem tem sempre de sacrificar uma parte das satisfações que deseja, se quiser cumprir a missão que lhe cabe; deve renunciar a possuir certos bens, porque a ordem social ou o direito alheio exigem que os deixe para outros — e isso, mesmo que eles façam mau uso desses bens ou não lhes deem aplicação nenhuma, deve sacrificar o seu desejo de saber, para dedicar a vida a ocupações penosas e sem brilho; deve sacrificar o seu desejo de mil bens; deve mesmo, se for preciso, sacrificar a própria vida pela coletividade»[139].

Os *casos-vítima* têm servido sistematicamente aos ideólogos de diversos matizes como cunha para abrir caminho a legislações profundamente injustas, desrespeitando precisamente essa verdade: que alguns, mesmo quando inocentes, têm de sofrer um mal ou uma injustiça evidente, causada por outros, para que a raça humana possa buscar o bem com o amparo, a orientação e a proteção de umas *leis justas.*

Foi por uma *falsa misericórdia* para com as *vítimas reais* de algumas tragédias matrimoniais que se legalizou passo a passo o divórcio, ao invés de admitir apenas os casos legítimos de separação; e a consequência é que são legião as vítimas de um pai irresponsável ou de um cônjuge imaturo. Foi por uma falsa compaixão com as vítimas do estupro ou de doenças raras que se começou por despenalizar em alguns países certos casos de aborto, e a consequência é que são literalmente milhões as crianças assassinadas pelo egoísmo, pela superficialidade e pela irresponsabilidade de juristas, médicos e «pais». Foi por uma falsa piedade pelos casais vítimas de esterilidade que se desenvolveram os métodos de fertilização artificial, e o resultado são as desordens que estamos cansados de contemplar já a estas alturas.

O grande tema, para aquele que sofre, reside em *aceitar as limitações* inerentes à sua condição de homem decaído num mundo desfigurado pelo pecado e à sua condição de ser corporal, limitado pela matéria. Enquanto estivermos na terra, a dor e o sofrimento, nas mais diversas formas, dão-se necessariamente na nossa vida. É preciso, por isso, chegar a enxergar, senão quisermos soçobrar no desespero, que *não são o maior dos males, o mal absoluto;* pelo contrário, quando a pessoa se torna capaz de compreender o seu significado divino, tornam-se «transparentes»: enxergamos através deles a mão de Deus.

Aceitos e oferecidos nesse espírito, uma doença hereditária que não poderia ser evitada senão por meios imorais, a criança imprevista ou irremediavelmente deformada tornam-se *caminho* de felicidade e de realização. É o que Deus pretende ao propor a alguém essas situações. Pode ser que, no momento em que se passa por isso, a fé ainda não esteja suficientemente forte para compreendê-lo; mas não importa, porque essa é justamente a ocasião para crescer na fé.

E quando a dor se tornar intolerável e o sacrifício excessivamente penoso, é preciso pôr os olhos em Cristo. Deus não apenas compreende a nossa situação «de fora», como o faria um bom médico: quis experimentá-la em si mesmo, *até a morte, e morte de Cruz* (Fl 2, 8). Olhemos para Ele, e veremos que o sangue das suas chagas é o lenitivo que atenua as nossas dores. Encaremos de frente o Crucifixo, Cristo vítima inocente crucificada por todos os pecados do mundo, também pelos nossos. Observemos «com que amor se abraça Jesus ao lenho que Lhe há de dar a morte!»

E continuemos depois, com São Josemaria Escrivá: «Não é verdade que, mal deixas de ter medo à Cruz, a isso que a gente chama de cruz, quando pões a tua vontade em aceitar a Vontade divina, és feliz, e passam todas as preocupações, os sofrimentos físicos ou morais? É verdadeiramente suave e amável a Cruz de Jesus. Não contam aí as penas; só a alegria de nos sabermos corredentores com Ele»[140].

Notas

(1) G.K. Chesterton, *The Roots of the World*, em *Lunacy and Letters*, Sheed and Ward, 1958; (2) Axel Kahn, *An Udder Way of Making Lambs*, em *Nature*, n. 386, 10.03.97, pág. 119;(3) *O Estado de São Paulo*, 21.11.97; doravante, esse jornal será citado como *Oesp;* (4) Brunetto Chiarelli, em *L'Expresso*, 17.5.87; (5) *Aplicada nova técnica de fertilização*, em *Oesp*, 31.08.98; (6) José Goldemberg, *A «clonagem» de seres humanos*, em *Oesp*, 27.01.98; (7) Kahn, *An Udder...*; (8) José Israel Vargas, *Clonagem de mamíferos, biossegurança e ética*, em *Oesp*, 6.03.97; (9) Viktor Frankl, *Sede de sentido*, 2ª ed., Quadrante, 1998, pág. 45; (10) Jacques Testard, *Le désir du gene*, Albin Michel, 1992; (11) Paul Johnson, *Rumo a uma nova catástrofe moral*, em *Oesp*, 18.10.98; (12) Richard Dawkins, *The Selfzsh Gene*, Doubleday, 1989; (13) *Cientista dos EUA pretende clonar humano*, em *Oesp*, 8.01.98; (14) Matthew Shirts, *Xuxa, Chitãozinho e a cara do século 21*, em *Oesp*, 10.01.98; (15) Gilles Lapouge, *Europa quer barrar 'doutores Frankenstein'*, em *Oesp*, 13.01.98; (16) *Brincar de Deus*, em *Oesp*, 16.01.98; (17) *Catecismo da Igreja Católica*, n. 1703; (18) *Bebês de proveta já são cinco mil no País*, em *Oesp*, 25.07.98; (19) André van Steirteghen, em *The New England Journal of Medicine*, 15.01.98; (20) Barbara Cartoon, em *The Montreal Gazette*, 22.11.97; (21) *Le monde*, 18.10.97; (22) *The Lancet*, 23.11.96; (23) Pio XII, *Discurso*, 29.9.49; (24) *id.*, 19.5.56; (25) *id.*, 12.9.58; (26) AAS, 53, p. 447; (27) João Paulo II, *Familiaris consortio*, n. 32; (28) Instrução *Donum vitae*, 22.02.87, I, 1; doravante, será citada como *DV;* os grifos são nossos; (29) cf. *ib.*, I, 5; (30) cf. *ib.*, I, 4; (31) cf. *ib.*, I, 5; (32) *ib.*, I, 6; (33) *ib.*, II, 2; (34) cf. *ib.*, II, 3; (35) cf. *ib.*, II, 5; (36) cit. por M. Dolores Vila-Coro, *Huérfanos biológicos*, Palabra, 1997, pág. 233; (37) Ellen Goodman, *International Herald Tribune*, 19.02.98; (38) Matthew Shirts, *Xuxa, Chitãozinho...*; (39) Barbara Cartoon; (40) *L'Osservatore Romano*, cit. em *Ingleses devem destruir hoje 3.300 embriões*, em *Oesp*, 30.07.96, e *Clínicas comecam a destruir embriões*, em *Oesp*, 01.08.96; (41) *DV*, II, 8; (42) Mario Vargas Llosa, *O sexo frio*, em *Oesp*, 05.07.98; (43) Rafael Navarro-Valls,

La probeta de Aladino, em *Aceprensa,* n. 136/91, 16.10.91; (44) *DV,* II, 6; (45) Pio XII, *Discurso,* 29.10.51; (46) C. Campagnoli e C. Peris, *Las técnicas de reproducción artificial: aspectos médicos,* em Aquilino Polaino-Lorente, ed., *Manual de bioética general,* 3ª ed., Rialp, Madri, 1997, pág. 207; (47) *ib.,* pág. 207; (48) cf. Estêvão Bettencourt, em *Pergunte e responderemos,* n. 313, págs. 39 e segs.; (49) Campagnoli e Peris, *Las técnicas...,* pág. 206; (50) *Transplante de útero é estudado na Inglaterra,* em *Oesp,* 25.05.98; (51) Miguel Ángel Monge, *Ética, salud, enfermedad,* Palabra, 1992, pág. 141 e segs; (52) *Catecismo,* n. 2296; (53) *Catecismo,* n. 230 I; (54) Chistiaan Bamard, *Entrevista,* em *Folha de São Paulo,* 27.5.68; (55) Euripedes Zerbini, *Entrevista,* em *Oesp,* 30.5.68; (56) Alejandro Serani Merlo, *Perplejidades en la neurociencia contemporánea: el caso de los pacientes en estado vegetativo persistente,* in *Cuadernos de bioética,* n. 22, 2ª, 1995, pág. 159; (57) I. Carrasco de Paula e J. Colombo Gomez , *Transplantes de tejido fetal,* in Polaino Lorente, *Manual...,* pág. 200; (58) *ib.,* pág. 195; (59) *Brasileiro é autor de técnica que usa tecido fetal para reconstruir órgãos,* em *Oesp,* 25.07.97; (60) *EUA avançam na engenharia de tecidos,* em *Oesp,* 05.10.98; (61) Carrasco de Paula e Colombo Gomez, *Transplantes...,* pág. 198; (62) L. Bender, *Organorum humanorum transplantatio,* in *Angelicum,* n. 31, 1954, págs. 139-160, e S. Palazzini, *Morale dell'attualitá,* Roma, 1963; (63) J.L. Saiz Soria, *Transplantes humanos: valoración moral,* in *Gran Enciclopedia Rialp,* vol. 22, Rialp, 1973, pág. 734; (64) João Paulo II, *Evangelium vitae,* 25.3.95, n. 86; (65) Soria, *Transplantes...,* pág. 735; (66) João Paulo II, *Discurso,* 20.6.91, n. 4; (67) ib.; (68) Aurelio Fernandez, *Compendio de Teología Moral,* Palabra, 1995, pág. 460; (69) *O nascimento da cura,* in *Seleções,* 09.97, págs. 121--143; (70) Antonio Royo Marin, *Teologia moral para seglares,* 6ª ed., ªBAC, 1986, vol. 1, pág. 418; (71) Estêvão Bettencourt, *PR,* n. 141, págs. 43-46; (72) cf. *Ainda são feitos testes com humanos,* em *Oesp,* 10.07.96; *EUA pedem desculpas a negros vítimas de estudo,* em *Oesp,* 17.05.97; (73) Gonzalo Herranz, *Experimentación científica en el hombre,* em *Deontología biológica,* Faculdade de Ciências da Universidade de Navarra, Pamplona, 1987, pág. 283; (74) cf. *DV,* n. 2; (75) ib., n. 12; (76) *ib.,* I, 4; (77) *ib.,* I, 5; (78) A. Santos Ruiz, *Manipulación genética de embriones,* em Polaino-Lorente, ed.,

Manual..., pág. 190; (79) Santos Ruiz, *Manipulación...*, pág. 191; (80) *DV*, I, 4; (81) Elio Sgreccia, *Engenharia genética humana: problemas éticos*, in Vários Autores, *Questões atuais de bioética*, Loyola, São Paulo, 1990, pág. 255; (82) Ângelo Serra, *Das novas fronteiras da Biologia e da Medicina*, in V.A., *Questões atuais...*, pág. 71; (83) Javier Blas, *Genoma humano: el mapa de la vida*, em *Nuestro Tiempo*, Pamplona, 06.97, págs. 70-76; (84) Santos Ruiz, *Manipulación...*, pág. 180; (85) Juan Manuel Irache, *Vacunas orales y terapia genética*, in *Redacción*, Pamplona, 01.97, pág. 27; (86) Avello, *Introducción...*, pág. 217; (87) *ib.*, pág. 218; (88) *ib.*, pág. 219; (89) cf. Sgreccia, *Engenharia...*, pág. 270; (90) *DV*, I, 2; (91) *Oesp*, 19.08.97; (92) Jérôme Lejeune, *O direito de nascer*, em *Veja*, 11.09.91; (93) *DV*, I, 2; (94) Lejeune, *O direito...*; (95) *La Reppublica*, 28.01.98; (96) Lejeune, *O direito...*; (97) *Avello Introducción...*, pág. 222; (98) Lejeune, *O direito...*; (99) Alicia Sturiale, *El libro de Alicia*, Planeta, Barcelona, 1997; (100) *ib.*; (101) *Oesp*, 25.7.97; (102) João Paulo II, *Discurso*, 29.10.83; (103) Sgreccia, *Engenharia...*, págs. 276-277; (104) *DV*, I, 5; (105) Avello, *lntroducción...*, pág. 224; (106) *ib.*, pág. 218; (107) *DV*, I, 3; (108) José Ignacio Saranyana, *Natalidad*, em *Gran Enciclopedia Rialp*, vol. 16, pág. 203; (109) Avello, *Introducción...*, pág. 222; (110) *ib.*, pág. 222; (111) Testard, *Le désir...*; (112) Monge, *Ética...*, pág. 199; (113) *Nova lei aconselha abortar 'anormais'*, em *Oesp*, 26.03.95; (114) *Tormento dos diferentes em nome da raça*, em *Veja*, 3.9.97; (115) *ib.*; (116) Saranyana, *Natalidad...*, pág. 595; (117) João Paulo II, *Discurso*, 29.10.83; (118) *DV*, I, 6; (119) Sgreccia, *Engenharia...*, pág. 226; (120) *Shopping News-City News*, 4.03.78; (121) em *Amica*, 20.8.87, pág. 30 e segs.; (122) Santos Ruiz, *Manipulación...*, pág. 185; (123) N. López Moratalla, *Manipulación de la reproducción humana*, in *Deontologia...*, pág. 366; (124) em *Veja*, 5.3.97; (125) *Cientista americano clonará a si mesmo*, em *Oesp*, 08.10.98; (126) *DV*, I, 6; (127) *Le Figaro*, 5.06.97; (128) *Vaticano pede proibição de clonagem humana*, in *Oesp*, 27.2.97; (129) Prado, *La posibilidad...*, l.c.; (130) Lapouge, *Europa...*; (131) *Reflexões da Academia Pontifícia para a Vida: a clonagem*, em *L'Osservatore Romano*, 11.7.97; (132) *DV*, II, 4, c; (133) Ian Wilmut, *Criador de clones*, em *Vefa*, 04.11.98, pág. 15; (134) *Reflexões da Academia Pontifícia...*; (135) Wilmut, *Criador...*; (136) H. Keyserling, *La vie intime*, Paris,

1933, pág. 33; (137) em Vittorio Messori, *Scommessa sulla morte,* Internazionale, 1982, pág. 268; (138) F. van der Mersch, *Amour, mariage, chasteté,* em *Nouvelle revue théologique,* Lovaina, 01.28, págs. 19-20; (139) Jacques Leclercq, *A família,* trad. de Emérico da Gama, Quadrante-EDUSP, São Paulo, 1968; (140) Josemaria Escrivá, *Via Sacra,* 5ª ed., Quadrante, São Paulo, 2003, pág. 27.

Direção geral
Renata Ferlin Sugai

Direção editorial
Hugo Langone

Produção editorial
Juliana Amato
Gabriela Haeitmann
Ronaldo Vasconcelos

Capa
Gabriela Haeitmann

Diagramação
Sérgio Ramalho

ESTE LIVRO ACABOU DE SE IMPRIMIR
A 24 DE OUTUBRO DE 2023,
EM PAPEL PÓLEN BOLD 90 g/m².